職場假象

U0034566

戴譯凡，賀蘭 著

想在公司混得風生水起，
首先要練就一張厚臉皮

滿懷希望踏入職場，卻發現公司跟你想的不一樣？

明明小心再小心，還是不慎落入小人陷阱？

公平的升遷機會、努力換取加薪、責任制加班……
職場上的種種假象，等待我們一一揭發！

崧燁文化

目錄

目錄

目錄

目錄

前言

前言

　　有人的地方就有江湖，有人的地方就有職場，現代人很大一部分的時間都會無可避免的「混」在職場上。因為我們要生存下去，我們想要更好的生活。

　　同時，辦公室職場也是一個神奇的世界，在這裡，你不光可以看到合作的力量和團結的偉大，也可以看到爾虞我詐、你死我活的爭鬥；不光能看到睿智和齷齪並存，也能看到善良者的狠毒和陰險者的良善。人類的種種美德在這裡熠熠發光，人們所知曉的各種兵法計策與厚黑謀略也在這裡大行其道。

　　職場奉行的是競爭主義，但卻存在一定的潛規則。如果你想在職場上混出自己的一片天地，想爬到金字塔的頂層，僅憑一點專業知識和努力是遠遠不夠的，你必須學會職場生存的經驗，掌握職場沉浮的規則。

　　規則是一種制度，潛規則是一種遊戲。遵守制度的人，只能被人領導。而讀懂潛規則的人才能活得自由自在，甚至能領導別人。

看看現實中的職場，為什麼許多能力超強，專業知識豐富的人卻在職場中不斷碰壁，不斷觸礁，悲苦彷徨，看不到加薪的希望，望不到晉升的曙光。而有些人能力平平，卻在職場上一帆風順、步步高升；有能力的人常常被壓制和排擠，而靈活多變、精於世故的人雖然沒什麼過人的才能和出色的業績，卻能平步青雲，成了自己的頂頭上司；有業績的人常常得不到獎勵，而與上司關係親密的人卻好運連連……對此，你或許曾有過抱怨和牢騷，也有過悲嘆和失望，但是不管你承認還是不承認，職場有它的遊戲規則，成功也不只是說要比周圍的人更努力，而在於你是否混得明明白白，是否掌握了職場生存的潛規則。

無論是公司的高層，還是普通的員工；無論是在小企業工作的上班族，還是在跨國公司工作的中高階管理人員，一個人的經驗畢竟有限，而本書則以小說體的形式，一一剖析各式各樣的職場生存法則，透過起伏跌宕的故事情節，讓隱形的遊戲規則和詭計了然於胸，使你找到適合自己的最佳職場生存策略，勇敢又不失策略的去打拚、去奮鬥、去成功。在使你快速成長的同時，這本書還能助你在各種名、權、利相互交織並激烈競爭的辦公室遊戲中，遊刃有餘、步步高升，闖出一片光明的前途。

第1章　夢想很豐滿，現實太骨感

浪跡法則一：你可以有很多夢想，但最首要的是要學會接受並適
應現實，然後再去談論夢想。

「適者生存」永遠是不變的生存法則，無論是動物還是人類，都在為生存而戰。或許你曾抱怨上帝的不公，但是生活就是這樣不公平。你也總有各式各樣的想法，有很多的夢想。你也曾不只一次的描繪過未來的藍圖，憧憬著未來，總是覺得一切都是那樣美好，總覺得自己會有一個光明的未來。但是現實總有很多困難，那些或明或暗的「規則」總會時不時的阻礙你前進的腳步。

在這些規則面前，千萬別選擇硬拚，否則你只會死得很慘。而是要學著去適應它，接受現實中的不公。雖然這會讓你靠近夢想的腳步變慢一些，但總還有翻身的機會。

所以，你可以有很多夢想，但最首要的是要學會接受並適應現實，然後再去談論夢想。

［案例］

從選擇主修新聞的那天起，成為「知名記者」就是莫妍一直努力的目標。《A時報》作為T市最大的報社，一直是各校畢業生眼中的首選。儘管莫妍在

第 1 章　夢想很豐滿，現實太骨感

筆試階段獲得了第一名的好成績，但在面試過程中還是一點都不敢鬆懈，認真的應對著面試官所提的每一個問題。面試結束時，莫妍從面試官的表情中看出他們對自己今天的表現很滿意。這讓莫妍覺得自己成功在望。

可是就在莫妍滿心以為自己會被錄取時，卻得知報社已通知了同系一起去面試的幾個人去上班，而自己的手機和電子信箱卻仍無任何動靜，這讓莫妍有了一些不好的預感，於是主動撥了報社的電話，對方的回答是面試未通過。也就是說，莫妍在面試這一關被刷了下來。

這讓莫妍有一些氣憤，畢竟被錄取的幾個人是跟自己同系的，家庭背景的作用莫妍多少也知道一些，其中不是老爸在某機關任職，就是自家資產讓人不可小覷，但若論專業能力，這些人都是當年科目被當的人。可是面試的的彈性可大可小，全憑人家一張嘴怎麼說了算。要怪就怪自己當年投錯胎，沒有幫得上忙的家世背景。

《A 時報》在用人的價值取向上，選擇了用人唯親。這令那些有真才實學而無關係背景的人望而卻步。這種做法無異於「棄黔首以資敵國，卻賓客以業諸侯」。既然進入《A 時報》已無望，那就另謀別處吧，於是在接下來的一段時間裡，莫妍忙著在各大報社裡筆試面試。明知裡面仍會有許多的內情，可是自己仍要打起十二分的精神去應對。誰讓我們自己不是老闆，卻需要這樣一份工作呢。

工作可以慢慢找，但讓莫妍頭痛的是老媽一個勁的催她回老家考公務員。莫妍知道老媽始終不放心自己一個人在外漂泊。可她也明白，自己一旦選擇回去，在那個不算大的小城鎮，記者就真的會成為一個夢，一個永遠也無法觸及的夢。因此對莫妍而言，找工作不僅僅是為了養活自己，實現夢想，更重要的是讓自己有了繼續留在這座城市的理由，也斷了老媽讓自己回老家的念想。

其實，若是繼續考研究所的話，爸媽也不會催著她回老家，可她自己卻不想再像米蟲一樣繼續依靠爸媽而活，讓她開口再向爸媽要錢，她真的開不了那個口。再說自己現今已經二十三歲，等到考完研究所，那自己的青春就真的要在校園中度過了。所以相比那些準備繼續考研究所的同學，莫妍卻不得不頂著炎炎烈日，抱著資料在各大徵才活動上尋找機會。

　　可是進入Ｔ市稍有名氣的報社，對她這個空有一身本領卻無任何身家背景和人脈關係的應屆畢業生而言，難如上青天。每一次筆試雖然都是以第一名位居榜首，可是一到面試階段就會毫無避免的遭遇被刷的厄運。其實跟其他人一樣動用關係，莫妍也能進一個好的報社。當李楓提出要幫忙的時候，莫妍拒絕了。她不想欠李楓的人情，因為她知道自己給不了李楓想要的愛情。與其讓自己欠著李楓的人情，還不如自己找個小報社。因此，在一些稍有名氣的報社面試而未錄取後，莫妍把目光投向那些少有人問津的小報社，因為老媽的電話已經從三天一通變成了一天一催了。

　　當然，因為是沒有名氣的小報社，那些擁有身家背景的「二代」們自然都不放在眼裡，這也讓擁有專業能力的莫妍終於擺脫了權力的魔手，她被《Ｂ日報》聘用了。

　　理想和現實總是有差距的，幸好還有差距，不然，誰還稀罕理想？但是我們也絕不能因為差距而放棄了理想，否則你所做的一切還有什麼意義呢？

　　因此，從你離開學校的那一天起，你就要明白現實是很艱辛的，生活是不公平的。很多時候運氣只是一種小機率事件，完全公平公正也只是口頭上說說而已，你聽聽可以，但絕不能當真。當然了，如果你的家庭背景足夠強大，那麼好運落到你頭上的機率會大一些，但若你依靠的只有自己，那麼你唯一可做的便是更加努力，讓自己變得更為出類拔萃，這樣一來，即使你得不到最好的，那也有機會得到最差的。如果你自己不夠努力，又無任何背

景，那麼別說是最好的，就連最差的也都不會落到你頭上。所以，不要一味的抱怨生活的不公，也不要謾罵現實的殘酷，更不要試圖去逃避，現實生活會和你開一個玩笑，或許結果是你所無法承受的。但要學著去適應生活，接受現實，爭取讓自己的夢想有一個落腳的地方，哪怕是一點點，總勝過被丟棄。

　　所以，莫妍的選擇是明智的，雖然自己只爭取到了一個無任何名氣的小報社，也與自己的「知名記者」的夢想有點遠，但在自己無法戰勝現實和回老家完全放棄夢想的境況下。這份工作不僅可以幫她斷了老媽的念頭，而且也讓自己的夢想有了個立足之地，雖然這個立足之地小得有些可憐，但至少可以讓今後的自己還有翻身的機會。

第 2 章　你能安全度過試用期嗎？

浪跡法則二：細節決定成敗，試用期看重的並非是你的能力，而
是你對於細小問題所持有的態度。

面試未通過，我們至少還能以面試者的「不識千里馬」或者社會太現實
來撫慰自己，但是在「試用期」被淘汰，這絕對是一件難堪又非常難過的事
情。這不僅意味著你失去了一份工作，你還可能因此而失去對自己的信心和
再次尋找工作的勇氣。也因為這個原因，許多新人在提到試用期時就會有一
種「如履薄冰」的感受。

儘管三個月的試用期限內，企業掌握著你去和留的權力，對於個人而言
也是在新的職位上站穩腳跟的關鍵一步，但也是我們了解和審視這個企業的
機會，使我們能夠藉此找到一個更有利於自己發展的企業。

因此，在試用期內，我們完全不必為了能夠繼續留在該公司而憂慮重
重，更不必為了少犯錯而縮手縮腳，相反，你應該盡情的放手一搏，假設最
終自己被淘汰掉，起碼能夠知道自己在實際工作當中，到底有哪些不足。

當然了，要想安全的度過試用期，並不僅僅要努力工作，證明自己，更
要知曉試用期雷區，然後再應用一定的策略，使自己巧妙的勝出。對於不少
過來人而言，試用期都是難忘的「新人之旅」，談及怎樣安全度過，很多人還

是蠻有心得的。總結來看，以下幾點可供大家參考。

（一）不要違反勞動紀律

很多新人覺得不公平，感覺盯在自己身上的眼睛太多了，老員工們可以在上班的時候吃零食、聊天、玩遊戲，而自己不過是打個電話給同學，就被人「打小報告」。老員工總是有些福利的，小動作也不會影響他們的工作進度，主管也是睜一隻眼閉一隻眼；而身為新人，不要和他們比較這些福利，而是應做到上班不遲到，下班不早退，工作時不偷懶。

（二）爭做小事印象好

有些機靈的新人，剛進入公司的時候，都爭做辦公室的事情，積極的表現，似乎就怕主管們不知道自己優秀，等從新人熬成正式員工了，就沒有什麼表現了，讓人覺得前後不一。身為新人的你，應該多做力所能及的小事，而且一定要低調的進行。影印機沒紙，悄悄加上，飲水機沒水，主動打電話。

（三）主動和別人打招呼

注意稱呼，如果不知道對方的職務，不管對方和你的職位有多少級的差距，前輩這兩個字比較適合。要懂得和同事分享一些工作以外的內容，比如分享自己的興趣愛好，安排週末一起活動等。但是不要隨便和誰過於親近，在沒有搞清楚人際關係前，不要輕易加入公司小團體。

（四）不要害怕犯錯

一定要多向前輩們請教，即使如此也難免會犯錯，千萬不要在接受主管和同事批評的時候，為自己找藉口。你應該端正自己的態度，積極按照別人

的指點，彌補過失，並主動承認自己的不足，承諾不再犯同樣的錯誤。

（五）了解試用期考核重點

　　每個企業都在有目的的培養新人，一般情況下，試用的部門和人力資源部門都在同時進行考核，你要針對公司對你的栽培目標去充實自己，努力達到各項考核標準。

［案例］

　　接到錄取通知的電話之後，莫妍既喜又憂，高興的當然是自己終於得到了一份工作的機會，而擔憂的卻是不知道自己能不能夠順利通過試用期，真正成為其中的一員。儘管這個報社在業界不是很出名，但還是要從試用的員工當中淘汰出一部分來，莫妍擔心自己忙了半天，等到最後卻是空歡喜一場。

　　莫妍明白，儘管自己畢業於知名大學，但是現今社會，隨便上街拉一個，不是博士、碩士就是留學回來的，自己手裡那個文憑根本就算不了什麼。再加上與莫妍同期入職的有 6 個人，而最終能留在報社的卻只有 2 個名額。

　　莫妍想到，若是自己炒掉該報社，那就勢必要繼續那暗無天日的求職之路，但若被報社炒掉，雖然讓人有些氣餒，但至少可以藉此了解自己的不足，然後進一步完善，使自己的職業之路更為順暢。

　　由於是試用期，報社並未安排重要的工作給他們，每天無非是一些稿件校對，影印資料、掃描文件，或者是被安排到發行部充當一下搬運工。

　　三個月的時間很快就結束了，莫妍也對該報社有了一個大概的了解，雖然該報社在業界不是很聞名，但對於剛進入社會的她而言，卻不能不說是一個不錯的發展平臺。而且莫妍也急需一份工作讓自己繼續留在這個城市。在

試用期期間，由於被分配的都是一些無足輕重的工作，大家都沒有做出什麼可觀的成績，因此莫妍內心深處也有著絲絲的擔憂。但可喜的是，莫妍在被錄取的名額之內。

從人事部簽完合約出來，正好在走廊碰到了人事部孫老師，「小莫，恭喜妳成為我們當中的一員。」孫老師笑著伸出手。

莫妍也急忙伸出自己的手握了一下，帶著一絲客套說道：「謝謝，以後還請多多關照。」

「那是當然，我可是很看好妳的哦！」孫老師眨了一下左眼，看著一臉意外的莫妍，繼續說道，「知道自己勝出的原因嗎？」

「謝謝孫老師的關照。」莫妍一臉所悟的急忙道謝。

「哎，妳可別謝我，我可是公平公正的，絕不會因為妳而破壞了規矩。」孫老師眼看莫妍想歪了，急忙解釋道。

孫老師的話使莫妍想起了與孫老師相識的過程。那天下班，孫老師手裡抱著一大堆資料正準備進電梯，可是一個不小心，手裡的資料撒了一地，於是正準備下樓的莫妍便順手幫忙撿了起來，並在下樓時幫孫老師抱了一些。莫妍想想，這件小事確實不可能使孫老師在工作上替自己開特例，那麼是自己的能力確實比他們要強？

「當然了，論能力你們幾個人都差不多。」孫老師一句話把莫妍剛剛升起的一點點自信又給打壓了下去。

「您怎麼知道我想什麼？」莫妍一臉不相信的問道。

「呵呵，在人事部混，沒有兩把刷子行嗎？這讀懂對方的心理可是我們人事部的看家本領，不然怎麼能選出有利於報社發展的好員工呢？而且我知道妳在想自己為什麼會被錄取？」孫老師一副有如諸葛亮的神態道。

「哈哈，真如您所說，不過您能不能幫我揭曉謎底呢？」莫妍用崇拜的眼

神看著孫老師問道。

「妳唯一超過他們的就是妳的努力。」看著莫妍仍然一臉茫然的樣子，孫老師解釋說，「打個比方吧！平時大家都聚在一起聊天的時候，妳卻在辦公桌上工作。還有每天妳是其他被淘汰的四個人當中，最早到報社的人，而每天下班後，妳是他們四個人當中最後一個離開報社的人。年輕人好好努力吧！」

孫老師的話讓莫妍感到有些意外，畢竟自己每天早到晚退並不是因為自己有多努力，而是為了避開上下班時的尖峰人潮，卻不想因此而輕鬆的度過了試用期。而自己之所以沒和大家聚在一起聊天，完全是因為自己對他們的聊天內容並不了解，完全插不上話。而且自己也不是多話的人。當然，莫妍是絕對不會把真正的原因告訴別人的，但心裡已經為此而樂開了花。

莫妍與其他 6 個人儘管能力不相上下，但是由於莫妍自身的一個小習慣，而使自己的境遇得到了改善，看來，新人進入職場時的試用期並非全是考驗個人能力，更為看重的是一個人在對待一些細小問題時所表現出來的態度。因此，在試用期我們不僅要認真的對待工作，更應注重工作中的一些細小問題，相信它會使你贏得最後的勝利。

第 3 章　別讓自己成為透明人

浪跡法則三：任何等待都是徒勞，你只有主動融入到團隊中去，才能得到別人的認可。

初到一個陌生的環境，誰都會有無所適從的感覺，尤其是剛從大學畢業的學生，初入職場，面對不了解的工作、陌生的臉孔，總會讓你有些不自在，再加上心理方面的原因，做事總是放不開手腳。

我們就像一個透明人一樣，被辦公室的同事們視而不見，他們都在忙忙碌碌，可是反觀自己，好像總是無所事事。這對於任何一個職場新人來說都是非常不好的現象，因為你如果不盡快的融入到辦公室這個大環境中去，就很難擺脫被驅逐的命運。

如果這樣一位有著相當學識的人才，卻變成了企業裡的花瓶，不能不說是一種悲劇。改變的方式只有主動，作為新人的你要積極去和別人交流。如果不小心成為辦公室裡被遺忘的「透明人」，通常會得到同事的兩種評價，要麼說你「太傲氣」，要麼就說你「太木訥」，不管是哪一種，你都會被人隔離在外。

因此，若想勝出，就不能有任何依賴別人的想法，而要主動出擊，盡快的融入到團隊當中去，讓大家看到你的存在。

在職場上，你不能自命清高，產出不願與辦公室裡的其他人「同流合汙」

的想法，否則你的職場之路將堪憂。正所謂，強龍難壓地頭蛇，初入一個新環境，無論你的能力有多強，你都應該放棄任何自負的想法，放低自己的姿態，來贏得大家的認可。當然對於那些在學校就膽小、溫順的新人來說，對新環境的恐懼會加倍自己的孤僻與憂鬱，這類人要趕快從自己的世界裡跳出來，學會與人互動是社會生活必須的，你的出現並沒有傷害到誰的利益或情緒，所以沒有人會傷害你。努力學會分擔同事們的責任與困難，你要儘早的展現出你對團隊、對企業的價值，讓大家接受你，喜歡你。此外，懂得分享也是融入公司團體的技巧之一，了解別人的興趣與話題，把自己的歡樂與收穫與別人分享的同時，也要擅長去分享別人的樂趣與收穫。

［案例］

　　莫妍雖然順利的通過了試用期，但是談及那三個月的試用期，莫妍仍然會有一種窒息的感覺。她覺得那時的自己就像是一個透明人，被辦公室的同事們視而不見。大家都在忙忙碌碌，而自己就是唯一一個無所事事的人。

　　莫妍覺得自己必須做些什麼來改善目前的狀況，否則自己以後的職場命運將可預見。這天，副總編劉燕拿著一份資料對汪晴說：「汪晴，這份資料下午開會要用，妳幫我影印五份。」

　　看著二十多頁的資料，汪晴顯然很不樂意，畢竟現在已經快十二點了，而劉燕卻說下午開會要用，這意味著汪晴中午的休息時間會被占用。可還沒等汪晴想到好的理由拒絕，劉燕已經走了。於是汪晴嘟著嘴，滿臉的不高興。恰好莫妍的辦公桌在汪晴的對面，於是莫妍走過去對汪晴說：「汪老師，我今天帶了便當，如果妳下去吃飯的話，那份要影印的資料給我吧，我影印完之後替妳送過來。」

　　聽到莫妍的話，汪晴的臉由陰轉晴，忙笑著說道：「啊，妳不下去吃飯啊！那不然我上來的時候幫妳帶杯飲料吧！」

第 3 章　別讓自己成為透明人

「謝謝，不用麻煩了。我泡杯奶茶就行了。」莫妍笑道。

等到汪晴吃完飯回來的時候，發現資料已經影印得差不多了，於是忙道謝：「剩下的交給我就行了，妳先去休息一下吧！」

「呵呵，就剩下這最後幾張了，我一起影印完就好了。」莫妍忙著手中的工作說道。

經過這一次的幫忙，莫妍成功跨出了擺脫透明人的第一步，汪晴會在工作中給予莫妍一定的協助，莫妍向她打招呼也不再是看一眼就了事，而是給予熱情的回應。也由於汪晴的關係，莫妍與辦公室裡其他的老員工們都搭上了關係，這使得莫妍在辦公室裡的處境發生了很大的變化。

在一次吃飯中談及剛來時的尷尬境地時，汪晴解釋說：「其實我們並非有意的排斥你們，而是以前來過許多剛畢業的大學生，由於他們對編輯工作還不熟悉，因此通常會讓他們做一些列印資料、掃描文件的工作，這類工作並不需要多少能力，只要認真就行。事實上我們剛進公司的時候也是從這些小事做起的，然後在不斷的學習中讓自己熟悉了工作業務，然後才漸漸的開始承擔起一定的編輯工作。記得去年來了一個知名大學的畢業生，能力不錯，但承擔起編輯工作的能力還是有一些欠缺，於是我們便讓他先做一些校對工作，當時我們讓他做這些工作覺得並沒有什麼不妥，可是沒過兩天，他不做了，說什麼我們倚老賣老，欺負、打壓新人，是在大材小用。結果鬧到了社長那裡。儘管最後的處理結果是他被辭退，但是經過那一次，我們便不再主動去分派工作，畢竟能否把工作做好是你們自己的事情。我們還是照樣工作。何必讓自己找氣受呢！不過那天妳主動幫我影印資料，我就覺得妳這個小女生不錯，至少沒有那股傲氣。」

聽了汪晴的話，莫妍有一些慚愧，畢竟剛開始那幾天，自己也在心裡抱怨老員工們仗勢欺人，一副高高在上的樣子。卻不想這中間還有這麼一段

故事。看來凡事都是雙方面的，我們不能一味譴責別人，而不從自己身上找毛病。

　　成為一名正式員工，是所有新人所希望的，在試用期他們都會很努力的去表現，然而學習能力和工作能力是一部分，態度則更為重要。莫妍因為放低了自己的姿態，結果使自己在辦公室裡得到了大家的認同，使自己的處境發生了極大的改變，也為自己能安全度過試用期增加了一個籌碼。

　　其實，很多優秀的知名大學畢業生，總是與生俱來的帶著強烈的優越感、使命感，總認為他們的出現會讓企業產生翻天覆地的變化，然而公司真正需要他們做的不過是勝任他們的本職工作。特別是當他們發現自己從事的工作幾乎只用了過去所學的皮毛，更是會有強烈的挫敗感，覺得學不能以致用。

　　實際上，很多菁英員工，都是從小事開始，讓自己逐漸羽翼豐滿起來的，當你腳踏實地的認真完成主管的安排，每一次表現都令他們相當滿意，就會有獨當一面的機會。所以，初入職場，即使你再優秀，也請放低自己的姿態，記住，只有看輕自己才能高飛。

第4章　職場絕對不是一個暢所欲言的地方

浪跡法則四：進入職場，大談言論自由無異於痴人說夢。

　　每個人都有言論自由，可一旦進入職場，你必須要明白，這裡絕對不是一個可以暢所欲言的地方。也許上班第一天，人事部的人會告訴你公司很開放，而且在很多時候，例如開會的時候，上司也會說「大家暢所欲言吧，我會盡力滿足你們的要求，盡量考慮你們所提的意見。」

　　如果你在職場上聽到此類的話，千萬不可當真。因為這是一個陷阱，專為那些無知的人而設的陷阱。如果傻傻的當真，那麼等到你真的暢所欲言之後，你的處境一定會變得非常危險。

　　你必須明白，職場是一個是非之地。「禍從口出」用在這裡一點都不過分。如果你不信，那麼就等著吞暢所欲言的苦果吧！若你信，那麼就管好自己的那張嘴，那些不該說的話千萬別從你嘴裡蹦出來。一般而言，在職場上，以下話題絕對是不能說的。

（一）　有關前任老闆的話：當你批評前任老闆時，現在的老闆會怎麼想呢？他會因你曾有這麼一個難處的上司而同情你，並下決心使你今後的生活變得更加美好嗎？當然不會，他的真實想法應該是，

任何事情都有兩方面，真實情況不一定如你所說吧？他不再為我工作時，會這樣說我嗎？這麼消極的態度，如果沒有什麼好事相告，就乾脆什麼也別說。同樣，也不要在現在公司講以前工作過的公司的壞話。這樣做會顯得你不忠誠，現任老闆會懷疑幾年後你將同樣散布他公司的壞話。

（二）　不要參與同事間的「牢騷大會」：在溝通不良的公司裡，「牢騷大會」很常見，這種「牢騷大會」可能會對管理層與員工之間的關係造成重大傷害。因此，一旦被管理層發現有員工私底下聚在一起發牢騷，後果就會比較嚴重。所以，千萬不要因為一時的不滿就跟著攪和，如果別人把你當作饒舌的人，那你就有口難辯了。即使你沒做，你的老闆也會認為是你在散布謠言。因此，辦公室裡的「牢騷大會」你還是避開的好。

［案例］

上一期的工作計畫已經完成，星期五放假的時候，王虹已通知大家提前企劃選題，星期一上班時討論下一期的工作內容。

莫妍和李娜雖然是新員工，但也要求企劃選題。開會時，莫妍把所有的選題都看了一遍後，發現都是一些老選題，沒有任何一點創新。但她並沒有發表任何意見，她明白，作為一個新人，自己不能隨便的發表意見。

等到討論告一段落的時候，王虹看了一眼李娜和莫妍說：「李娜、莫妍，妳們是我們辦公室裡的新一代，說說妳們對這期選題的看法吧！」

「我看了一下大家的選題，都不錯。我們現在重要是向大家學習，不敢說有什麼意見。」李娜算是把意見發表完了。聽了李娜的話，王虹又看了一眼莫妍說：「莫妍，說說妳的看法吧！怎麼想的就怎麼說，如果是好的我們大家就採用，如果不好，也知道自己與別人的差距在哪裡。」

聽到了王虹的鼓勵，莫妍想了想說：「剛才我把大家的選題都看了一遍，我個人認為不夠新穎，想法都有些陳舊。我們不能一味的圍繞著一些老話題去轉，應該嘗試著開拓一下眼界，做一些新穎的話題。這是我個人的意見，至於對不對還希望大家多多指點。」

莫妍說完這番話，明顯的感覺到氣氛有些變化，但是話已出口收不回來了，而且剛才可是王虹鼓勵她發表意見，而她也只是說出了個人看法而已。這樣一想，莫妍也就沒把這事放在心上。

「嗯，這個提議不錯，滿有想法的。大家都聽到了吧，以後企劃選題的時候，多注意一點。」王虹算是對莫妍的話給予了肯定。隨後大家又進行了一番討論，最終把選題給定了下來。但是莫妍卻發現自從開完會，自己的處境有些糟糕。因為跟自己同時進入辦公室的李娜已經開始和別人一起做編輯工作，但是自己卻仍然是個打雜的。而且與自己關係剛剛有些改善的汪晴也變得不怎麼理她了。

這讓莫妍有些丈二金剛摸不著頭腦，仔細的回想了一下，自己這段時間裡都沒做什麼得罪人的事啊，可是為何剛剛有所改善的辦公室關係又變得緊張呢？

這天中午吃飯的時候，莫妍看到汪晴一個人，便急忙端著自己的餐盤走了過去。看到飯桌上投下來的陰影，汪晴只是抬頭看了一眼，便低下去繼續與餐盤裡的食物奮戰。

「汪老師，我可以坐這裡嗎？」莫妍禮貌的問道。

「這裡又不是我開的，幹嘛問我。」汪晴有些涼涼的說道。

儘管碰了一鼻子灰，但莫妍還是厚臉皮的坐了下來，誰讓她有求於汪晴呢。於是坐了下來，看汪晴仍然不理自己，於是便開口問道：「汪老師，我是不是做了什麼讓妳不開心的事？」

「哎，妳可別說這話，我這個老頑固可承受不起。」汪晴雖然嘴上這樣說，但是眼神裡明顯擺著瞧不起。

「汪老師妳可別這麼說，妳那是博學多才，怎麼能說是老頑固呢。我還應該向妳多多請教和學習呢。」莫妍一臉崇拜的說。

聽到莫妍的話，汪晴的臉色雖然有些緩和，但還是有些不高興的說：「妳不是說我們的選題一點都不新穎嗎？」

聽了汪晴的話，莫妍終於明白，問題出在哪裡了。原來是自己那天選題會上所說的話把眾人給得罪了。於是忙解釋道：「天吶，汪老師，妳可別這麼說。我一個剛畢業的大學生，什麼都不懂，怎麼能挑你們的不是，那天我可真是被逼迫的，王主任點名讓我發話，我總不能什麼都不說吧！沒想到我隨便敷衍了幾句都被你們給當真了。」

看著莫妍一副認真的樣子，汪晴的臉色總算變好了。但莫妍知道，辦公室裡的這次暢所欲言可是留下了一個大爛攤子等著自己去收拾呢。她可是一句話得罪了整個辦公室，真是有苦無處訴啊！

這件事的起始原因是王虹鼓勵大家暢所欲言，也鼓勵莫妍發表自己的看法，可是莫妍卻沒能弄明白這種話只可聽，但不可拿來就用。於是便毫無顧及的把心裡所想倒了個一乾二淨，儘管她的意見沒有錯，也值得大家參考，但錯就錯在一句「不夠新穎，想法有些陳舊」，等於是當著老員工的面說他們是老古董，這樣便把辦公室裡的人都得罪了，使自己陷入了尷尬的境地。

可見，在職場要想保護好自己，就要杜絕暢所欲言。即使上司一再鼓勵大家暢所欲言，也應盡可能的少發表個人意見，尤其是新人，更應該少說多聽。

第 5 章　你是情緒的奴隸嗎？

浪跡法則五：你可以有情緒，但不可以帶到職場上，沒有人願意
做你情緒的受害者。

懂得控制情緒是一個人成熟的表現，相反，不懂得控制自己的情緒和感
情，只能印證你的單純和幼稚。這個道理大家都懂，但在生活和工作當中，
我們很容易被情緒捆綁，做情緒的奴隸。對有些人而言，情緒這個字眼不啻
於洪水猛獸，唯恐避之不及。主管常常對員工說：「上班時間不要帶著情緒。」
妻子對丈夫說：「不要把情緒帶回家。」……這無形中表達出我們對情緒的恐
懼及無奈。

工作中，我們並不會時時受到那些繁雜瑣事的困擾，但一定會經常因一
些繁瑣的小事而影響心情。輕易擊垮人們的並不是那些看似滅頂之災的挑
戰，往往是那些微不足道的極細微的小事，它左右了人們的思想，改變了原
來的意志，最終讓大部分人一生一事無成。

儘管工作中，讓人生氣的事是隨時可能發生的，但作為一個有頭腦的冷
靜的人，為了更好的、安寧的生活和工作，理智的處理各種不愉快，就需要
控制憤怒，如果不忍，任意的放縱自己的感情，首先傷害的是自己。如對方
是你的對手、仇人，有意氣你、激怒你，而你如果不忍氣制怒，保持頭腦清
醒，就容易被人牽著鼻子走，中了人家的圈套，到頭來弄個得不償失的下

場。所以孔子云：「一朝之忿，忘其身，以及其親，非惑與？」言下之意即因一時氣憤不過，就胡作非為起來，這樣做顯然是很愚蠢的。再說了，辦公室不是誰的私人領地，任何人在辦公室都要學會照顧別人的感受，不能因為自己一時的不愉快而把壞情緒表現出來，讓大家都跟著你不爽。

或者有人會說，主管經常在辦公室發脾氣，可是誰叫他是主管，你是員工呢？你見過有哪幾個員工在主管面前發了脾氣還安然無恙的？所以要學會控制自己的情緒，不要將情緒帶到辦公室。

而且長期的消沉情緒對整體各系統的功能有極大的影響，怎樣擺脫和消除不良心理情緒呢？美國密西根大學的一位心理學教授，提出了七種相當有效的方法：

（一）　針對問題設法找到消極情緒的根源。

（二）　對事態加以重新理解，不要只看壞的一面，也要看到好的一面。

（三）　提醒自己，不要忘記在其他方面獲得的成就。

（四）　不妨自我犒賞一番，譬如去逛街、去購物中心走走、去餐廳飽餐一頓，唱唱歌、跳跳舞等等。

（五）　思考一下，避免今後出現類似的問題。

（六）　想一想還有許多處境或成績不如自己的人。

（七）　將自己當前的處境和往昔做一對比，常會頓悟「知足常樂」。

利用有意識的動作來改變我們的心情，利用心情來改變我們的行為，這是幫助我們度過生活中困難時刻的有用方法。

[案例]

今天就是十號，這對於莫妍來說是一個很特別的日子，因為今天她就能夠拿到人生的第一份薪水了。

中午來到財務部，莫妍輕輕敲了一下門沒聽到任何回應，心想：難道裡

第 5 章　你是情緒的奴隸嗎？

面沒人，但還是有些不死心的再敲了幾下。手還沒放下去，就聽到從裡面傳出來怒罵聲：「誰啊，還讓不讓人活了，這不還沒到上班的時間嗎？」

伴隨著叫罵，門被打開，莫妍看到了一張烏雲密布的臉。這個人莫妍認識，是財務部的張圓圓。於是莫妍忙說道：「妳好，我是編輯部的莫妍，我來拿這個月的薪水。」

張圓圓瞪了莫妍一眼，轉身便向辦公桌走去，不過嘴裡可沒停下來：「真是的，再怎麼急著用錢，也不能不顧別人的感受。這還沒到上班的時間呢，讓不讓人活了。妳先坐那裡等著，到了上班的時間我再拿給妳。」

張圓圓說完便拉過椅子後面的抱枕放到辦公桌上開始睡起覺來。這讓走進了辦公室的莫妍不知如何是好。如果發脾氣走出去，那麼等一下還得跑來領，可如果自己坐在這裡等別人睡醒，說句實話，心裡可真不好受。如果和她爭，那今天可難說會搞出什麼事，而且以後也避免不了和她打交道，於是莫妍想了想便坐在旁邊的椅子上。

真所謂無巧不成書，王社長恰巧從門前路過，正好隨意朝財務部看了一眼。本來已經路過的王社長又返了回來，看了眼正趴在桌子上睡覺的張圓圓，又看了一眼坐在椅子上的莫妍，臉色變得有些難看。

莫妍看見王社長走了進來，急忙站起來說：「社長好！」

聽到莫妍的話，根本沒睡著的張圓圓呼一下站了起來，有些尷尬的開口道：「社長好！」

王社長看了一眼張圓圓，又看了一眼手錶，說道：「這都過了午休的時間了，別說妳的手錶慢了。」說著又看了一眼莫妍問道，「妳是怎麼一回事，我記得財務部可沒妳這號人物。」

「我……」莫妍支吾了半天也不知道怎麼回答。總不能如實說自己在坐等著張圓圓睡醒拿薪水給自己吧！那自己可算是和張圓圓把梁子結大了。

王社長看了吞吞吐吐的兩人，大概已經知曉了是怎麼一回事，於是便說了一句「張圓圓待會來我辦公室一趟」，說完便走了出去。

　　看著王社長走出去，莫妍鬆了一口氣，可是張圓圓的臉已經黑了一半。於是趕忙拿出莫妍的薪資單，還不忘嘴裡抱怨道：「都怪妳，剛才妳若不來，辦公室的門關著，王社長怎麼可能會發現我在睡覺，現在好了，為了妳這幾個錢的薪水，我居然要被罵。」

　　聽著張圓圓的抱怨，莫妍心想「誰要妳耍大牌，活該」。等到拿了薪水，莫妍頭也不回的走了出去。

　　第二天上班，莫妍從辦公室大嘴巴李穎那裡得知，張圓圓居然被解僱了。這讓莫妍有些不相信，畢竟張圓圓也僅僅是多睡了一下下，怎麼樣也不至於被解僱吧？

　　「劉老師，財務部的張圓圓真的被解僱了？」

　　看著莫妍一臉不相信的表情，李穎冷冷的說道：「什麼真不真的，這是遲早的事好不好。整個人就像是火藥筒，有事沒事爆炸一下，好像我拿的是她的錢似的，哼，她這是活該。妳是剛來，沒怎麼受過她的氣，可我們這些老員工，每個月都要去她那裡受一肚子氣回來。結果，美麗的發薪日變成了黑暗十號。」

　　莫妍還在懷疑李穎說話的真假時，從旁邊走過的汪晴插了一句說道：「我終於不用再去面對那張財怒臉了。莫妍妳可真幸運，如果像我們一樣月月遭受張圓圓的那火爆脾氣，妳也會發現領薪水並非是一件快樂的事。」

　　透過汪晴和李穎的話，莫妍大概已經明白，張圓圓被辭退並非因為多睡了幾分鐘，而是王社長對張圓圓愛發脾氣早已知曉，今天只是正好把柄落到了王社長手裡，於是王社長便來了個順水推舟。

　　從心理學角度講：情緒是不可控的。所以，很多人明明知道「衝動是魔

鬼」，但往往就是克制不住衝動，讓自己變成一個大魔鬼！

　　張圓圓之所以讓莫妍坐等繼續睡覺，完全是因為莫妍去找她的時機有些不對，結果打擾了她午休，這便引發了張圓圓的情緒，於是便引發了後來的王社長巧遇，以及到後來的被辭退。當然，正如莫妍所想，王社長並非僅僅因為張圓圓多睡了幾分鐘而輕易的辭退她，相反，他對張圓圓愛鬧情緒的事情也是有一定的了解，於是便以多睡了幾分鐘為藉口辭退了張圓圓。

　　其實沒有一個上司喜歡無法控制情緒的員工，因為員工不能控制情緒，勢必會把情緒帶到工作中去，這會使他們在工作時影響正常的發揮，或者是影響辦公室裡的人際關係。再說了，別人憑什麼要忍受你的負面情緒。因此，學會控制自己的情緒，而不要做情緒的奴隸。

第 6 章　工作無所謂高低，而在於你如何看待

浪跡法則六：任何存在都有它的價值，關鍵在於你怎麼看待它。

任何一個人都希望自己能在工作中擔任重要的職位，薪資高、福利好、工作還輕鬆，但是有腦子的人都知道，對於一個新人來說這是不可能的事情。就算你是比爾蓋茲的女兒，在微軟也不見得想坐哪個位置就坐哪個。

其實每份工作都有好與不好的地方，如果你硬要挑毛病，那只能回家歇著！有些人覺得自己有能力，但公司不提供一個施展才華的舞臺，他們整天懶懶散散，在滿腹牢騷中蹉跎時光。是的，讓知名大學畢業的你去做一些普通的工作，確實有些屈才，但是青春才那麼幾年，禁得起這麼浪費嗎？與其浪費時間發牢騷，不如把手裡的普通工作做好，給自己一個起跳的平臺。

看看我們的周圍，有些人儘管自身能力很強，但是因為沒有什麼工作經驗，而選擇從事一些較為普通的工作，而這些工作在很多人看來都是一些「低階」、「沒出息」的工作，但由於他們自身所持有的良好態度，結果在幾年以後，他們都獲得了讓人不可小覷的成績。

結果，當那些曾不願低就的人仍然尋找著更好的工作，或者是不得已開始從事那些曾讓他們不屑的工作時。那些從一開始就放下身段的人，不僅個

人資產雄厚，賓士、BMW 也是換著開。而他們經常講到了一句話就是「工作沒有高低貴賤之分，除非你不想好好做」。

因此，不要一味的去感嘆工作難找，也不要看低任何工作，而是要改變自己的態度。相信很快你就會發現天高海闊，任何工作都存在著其非凡的意義，只要我們肯去努力，也能在平凡的工作中做出不平凡的事情。

［案例］

對未來的職場生活，莫妍有著許多美好的嚮往，可是上班都一個多月了，自己所擔任的仍然是一些影印資料、掃描文件之類的跑腿工作。這讓莫妍有些沮喪，怎麼說自己也是知名大學的畢業生，可如今卻淪落到了跑腿打雜的角色。

剛開始那幾天，莫妍還能說服自己，認真的完成那些工作，可是隨著時間的推移，莫妍覺得自己都有些自欺欺人了，做起事來也提不起當初的那種熱情來。

這天，中午去餐廳吃飯的時候，辦公室的老杜和莫妍坐在了同一張桌子上。寒暄了幾句之後，老杜開口問道：「怎麼了，看妳這兩天無精打采的，沒什麼事吧！」

看著老杜一臉的友善，莫妍猶豫了半天，把這兩天困擾自己的問題問出了口：「杜老師，妳剛來報社時，像掃描、影印之類打雜的事做了多長時間？」

聽了莫妍的話，老杜想到從莫妍進報社至今仍然在做一些打雜跑腿的工作，便笑著說道：「怎麼，才做沒幾天就開始嫌棄了。小女生，路還長著呢！」

「杜老師，路還長著是什麼意思，難道我要做這類打雜的工作很久嗎？」莫妍有些洩氣的問。

「這倒不是，不過妳這份打雜工作到底要做多久，關鍵還在於妳自己。」

老杜的話，讓莫妍又燃起了一絲希望，忙開口問道：「在於我自己？為什麼這麼說？」

老杜看著莫妍，彷彿看到了當年的自己，也是這樣的眼高手低，結果卻因此而栽了許多跟頭，也許是由於同病相憐吧，老杜深思了一下，開口說道：「先聽我講一個故事吧，或許等妳聽完了，妳就會明白其中的原因。」看著莫妍一副虛心的樣子，老杜繼續說道：「有一個女孩，她畢業於一所知名大學，也順利的應徵到了一家知名企業。上班第一天，她滿懷希望的憧憬著第一份工作時，上司卻安排她洗廁所。而且要求把馬桶抹洗得光潔如新。一聽到洗廁所，那一刻她有了放棄的念頭，但一想到這是自己的第一份工作，而且找份工作也不容易，因此她選擇了繼續做下去。可是妳知道，洗廁所聽起來容易，可當真把手伸進馬桶裡邊時，胃裡便立刻開始造反，噁心得她嘔吐了一遍又一遍。等到再也吐不出什麼東西的時候，她決定辭職。可就在這時，一位前輩來到了廁所，看了一眼面色不佳的她，一句話沒說，而是拿起地上的抹布開始一遍遍的擦洗，她站在那裡有些不知所措，而讓她更為震驚的是，等到那位前輩刷洗完後，她拿過一個紙杯，從馬桶裡接過一杯水，仰起頭就喝了下去。看著那位前輩的身影，她終於明白了一個道理：就算一生洗廁所，也要做一名洗廁所最出色的人。後來，她成了日本政府的主要官員——總務大臣，她的名字叫野田聖子。」

這個故事對莫妍的震撼很大，別說是喝馬桶裡的水了，就是想想洗廁所，她都覺得胃裡有些不舒服了。不過，莫妍也明白了老杜講這個故事的意思，思考了一下後，莫妍對老杜說道：「杜老師，真是太謝謝妳了。我想我知道自己應該怎麼做了。」

從那天吃過飯回到辦公室，莫妍就更加認真的對待那些跑腿的工作。很

快的，莫妍發現，這些工作也沒有她當初想得那般無用，至少她透過協助同事們掃描資料而拉近了彼此間的關係，也大概對辦公室裡的工作流程有了一個很好的了解。更為重要的是，由於她對工作的認真負責，不僅得到了主編王虹的誇獎，也開始讓她參與一些選題的編輯工作。

對於一個職場新人來說，重要的不是工作高階低階，不是薪水多少，而是自己的工作態度。要想在這個社會上立足，堅強的活下去，抱怨工作的普通，只會讓你的工作積極性越來越差，老闆和同事也會越來越討厭你。莫妍認為自己擔任的工作很普通，覺得對於知名大學畢業的她有些屈才，因此在以後的工作中有了懈怠。如果沒有老杜的提醒，那麼莫妍以後的命運很可能是會被報社辭退，因為一個連打雜這類普通工作都做不好的人，你還指望著他能做好其他更為重要的工作嗎？

但由於莫妍及時的認知到了問題，並進行了補救，結果不僅得到了上司的認可，還因此擺脫了那些跑腿打雜的工作，而擔任更為重要的工作。

第 7 章　天哪，上司居然是個「魔鬼」

浪跡法則七：上司是魔鬼，對員工來說並非惡夢，他反而是快速
成長的鞭策者。

你的上司若是魔鬼，你該怎麼辦？相信很多人不是自認倒楣，便是乾脆
辭職，另覓善良上司。當然了，也有一部分的人，每天則是戰戰兢兢的活在
痛苦之中。

其實，完全不必如此，如果你換個想法，你會為此而感到幸運。為什麼
這麼說呢？因為魔鬼上司的不斷磨練會讓你更快的成長，也會讓你比其他人
更為優秀。

一般而言，碰到魔鬼上司，至少你會在以下幾方面得到很大的進步：

（一）　在做事上，要把他的嚴格要求看成是可以促使你提早深入情況、
　　　　提早成熟、提早獲得經驗，並且培養實事求是、一絲不苟的做事
　　　　態度必不可少的鍛鍊。在這種「鍛鍊」之下，你的潛能將會被「無
　　　　情」的激發出來，當別人還在摸索的時候，你早已「出師」，遠遠
　　　　的跑在他們前面了。比別人早一步，這便是成功的條件。

（二）　在心志上，他的嚴格要求，會暫時消滅你高文憑、高學歷的「自
　　　　我」，但會讓你重新塑造一個「自我」，這個過程會很痛苦，能忍
　　　　得了這種痛苦，對你的未來絕對有好處，因為這種消滅「自我」

的苦都吃了，還有什麼吃不了的苦呢？「天將降大任於斯人也，必先苦其心志……」說的正是這個道理，何況你還年輕，被這種嚴厲的老闆「折磨」也沒什麼好難為情的。

可見，遇到魔鬼上司並非只有恐怖，如果你能堅持下去，相信從他那裡學到的功夫會讓你受益一輩子。因此，遇到魔鬼上司，別急著逃跑，也別一味的抵抗，反而應該看到他美好的一面，等到你受得住他的氣，他說不定還會對你傾囊相授呢！

［案例］

這段時間，莫妍開始接觸選題的編寫工作，當然了，王虹要求稿件編寫完之後，要先送到她辦公室。

這天，王虹從辦公室裡走了出來，一臉不高興的對莫妍說道：「莫妍，來我辦公室一趟。」

看著王虹明顯不好的臉色，莫妍心裡有些不安，心想：「一定沒什麼好事。」果然，一進辦公室，王虹便把手裡的附稿扔在辦公桌上說道：「這就是妳編的稿子。妳自己看看吧，整篇文章，沒有一處不改地方，還大學畢業生呢，連個小學生都不如。」

聽著王虹的話，莫妍有些生氣，但偷偷的瞄了一眼扔在辦公桌上的附稿，的確，上面紅紅綠綠的畫了一整篇。於是便低著頭沒說什麼。而王虹繼續說：「把稿子拿回去給我重新做，如果做不好，趁早給我走人。」

拿著那篇早已面目全非的稿子，莫妍有些挫敗。但莫妍也不是一個輕易認輸的人，這回她可跟王虹槓上了，她不是想讓我走人嗎，我偏要留下來讓她看看。於是莫妍便開始認真的看起那篇稿子。

等到認真研究了一遍，莫妍不得不承認，儘管有幾處改動，莫妍不是很認同，但整體而言，稿子經過王虹這麼一改，的確完美了很多。於是莫妍便

在原稿的基礎上，參考王虹的改動，再重新編寫了一份。

可誰知改稿發過去沒多長時間，莫妍再次被王虹請進了辦公室。「大學生，妳認識中文字嗎？這個詞能用在這裡嗎？還有這裡，為什麼要給我來一個驚嘆號，別說妳連標點符號怎麼用都不懂……」王虹指著稿子責問道。

灰頭土臉的從王虹辦公室裡出來，看著手裡再次被圈畫了一整篇的稿子，莫妍很是挫敗。正當莫妍坐在辦公桌上想著如何改寫時，老杜走了過來，笑著問道：「怎麼了，是不是又讓妳重寫。」

「嗯，妳看，全盤都被否定掉了。我都不知道該怎麼改了。」莫妍有氣無力的說。

「路還長著呢，妳就慢慢熬吧！等妳熬上個幾年，妳就可以對著別人的稿子指指點點了。」老杜一副過來人的樣子說道。

「我覺得王虹有些故意整我。這裡面有些句子本來不用改，但王虹非要改成自己的意思。」

看著莫妍一臉的不服氣，老杜笑道：「是，正如妳所說，有些句子是不用改，但妳是否覺得改成王虹的意思會更加的完美。」

聽了老杜的話，莫妍沒開口，因為她知道，正如老杜所言，那些句子經過王虹一改，的確要比自己的完美許多。但是莫妍仍有些生氣，再怎麼說自己是一個新人，怎麼以要求老員工的標準來要求她呢！

「妳一定覺得王虹像個魔鬼吧！其實我反倒覺得妳比我要幸運許多。」

莫妍很不認同老杜的話，自己遇上了一個魔鬼型的上司，說惡夢還差不多，跟幸運可是完全搭不上邊。

不理會莫妍的看法，老杜繼續說道：「這麼說吧，妳覺得豢養在籠子裡的小鳥和森林裡的小鳥，哪個更為幸運？」

「當然是森林裡的小鳥。」莫妍毫不猶豫的說道。

「為什麼？」

「因為牠們擁有自由。」

聽到莫妍的回答，老杜搖了搖頭說道：「不，牠們的幸運不僅僅是因為自由，更重要的是牠們要在殘酷的森林之中經過紛爭獲取食物。」

「這有什麼可幸運的，應該是不幸吧！」莫妍覺得老杜是在說笑。

「莫妍，任何事我們不能只看它的一面，而不去想另一面。籠子的鳥自然不必為食不果腹而擔憂，可一旦離開了這個籠子，那麼牠是否還有能力讓自己活下去。相反，那些每天為了吃飽肚子而在森林裡奮戰的小鳥，無論牠到了哪裡，牠都有能力讓自己活下去，因為牠的翅膀已足夠堅硬。妳就好比那隻生存在森林裡的小鳥，如若經過王虹的不斷磨練，擁有一個鐵飯碗是無可置疑的，當然這個鐵飯碗是妳手裡那支筆所寫的文字。所以我說妳比我幸運，因為我當初遇到的上司只是讓我們自生自滅而已。」老杜語重心長的說道。

老杜的一番話，讓莫妍的心情豁然開朗，的確，如果自己遇到一個對你不管不顧的上司，那麼你成長的速度肯定是漫長的，但是遇上一個像王虹這樣的魔鬼上司，你就必須讓自己拿出十二分的精神去應對每日的「刁難」，在困境中成長起來的自己，絕對比順境中成長出來的他人更為優秀。

終於莫妍露出了這兩天來的第一個笑容，她非常誠懇的對老杜說道：「杜老師，非常感謝。我想我知道應該怎麼做了。」

人都有好逸惡勞的個性，因此都喜歡和不會給壓力的老闆一起工作，但這對你一點好處也沒有，因為你學不到東西，薪水是領了，但光陰也虛度了，等年近不惑之時，才發現自己竟然沒半點功夫，想補救也來不及了。

當然，沒碰上魔鬼老闆的人也不是就一輩子沒什麼成就，這裡只是強調，如果你碰上了魔鬼型的老闆，千萬不要害怕、逃避，或許這正是你千載

難逢的機會。所以，理性的面對上司的「刁難」，使自己在困境中變得更為強大，相信你會感激那段讓你「困苦」的歲月。

第8章　工作中要不恥下問

浪跡法則八：三人行必有我師，只有懂得不恥下問，才能滿足那
些「好為人師」者的虛榮心，這會讓你成長得更快。

「好為人師」是大多數人都有的通病，而不恥下問則總讓人心裡有些不舒
服。工作中遇到難題是在所難免，但是勇於放下身段去請教的人卻不多。首
先，面子問題就是擺在前面的一座大山，若再加上虛榮、好勝心等一些雜七
雜八的東西，那麼向別人請教的路途就變得更為艱難。

因此，在職場上我們時常會看到一些不懂裝懂，或者是死撐著的人。其
實，身在職場我們不僅要秉持不懂就問的原則，還要時不時的找一些問題去
向別人請教。這是什麼原因呢？

原因就是你愛面子，別人也愛面子，但若你放下面子，向別人請教的時
候，他內心深處的虛榮心就會暴漲，這不僅有利於你建立良好的人際關係，
還能透過學習他人的長處而提升自己。

而且現今已不是一個打倒了對方獲取利益的年代，而是一個追求雙贏的
年代。如果對方是個有實力的強者，而且他的實力明顯強於你，那麼你就
沒有必要為面子或意氣而與他競爭。因為一旦硬碰硬，固然也有可能打敗對
方，但毀滅了自己的可能性也很大。可一旦你巧妙的、不露痕跡的在他面前
暴露出某些無關痛癢的缺點，或者向他請教一些問題，顯示自己並不是一個

十全十美的人物，這樣就會使人與你來往時鬆一口氣，不與你為敵。

可以說，這種透過貶低自我獲得一定程度上的相互信任的策略，會收到良好的效果。或許在很多人看來，講出自己的弱點或過失，就等於給予了對手攻擊的機會，會招致對方的猛烈攻擊，實際上結果並非如此。

亮出自己的弱點，可以減少乃至消除不滿或嫉妒，規避他人對你的注意，從而讓自己有時間蓄積力量，最終成為勝者。

人生活在社會中，面對的是紛繁多變的世界，與你打交道的是形形色色的人物，要想立身於世，不得不精明些，但是，精明技巧要因人因地而異，有時候就不能顯得太聰明。

很多時候，人表現得過於精明，過於完美，常常會帶來麻煩，特別是身為下屬，尤其如此。聰明人運用「投其所好媚人心」時，有時要裝作糊塗，並表現出有人格的缺陷，這樣才能保全自己，達到目的。所以說，身在職場中，我們應該把不恥下問的精神秉持到底。

［案例］

老杜的一番話，使莫妍對王虹的看法發生了翻來覆去的變化。同時，莫妍也認知到，自己不能一味的被動，而應採取主動，積極的向大家請教，使自己盡快的成長起來。

於是，這次分派下來的稿子，莫妍並沒有急著著手去寫，而是先拿著選題向老杜徵求了一些意見，而後還虛心的向辦公室眾人請教了不同的問題。當然了，莫妍所請教的任何一個問題都是經過深思熟慮的，因為她知道如果自己問出的問題太過簡單，只會讓別人看低自己。如果提出的問題難度較大，如果對方無法解答，那不能排除對方反會認為莫妍故意為難自己的意思，這樣做不僅對辦公室裡的人際關係無益，反而會變得更糟。因為莫妍向大家提出的都是一些稍有難度，但對方絕對能夠解決的問題。這樣做，不僅

在一定程度上滿足了大家的虛榮心，也能使自己與同事間的關係更為和諧。

果然，稿子才寫到一半，莫妍與同事之間的相處已經融洽起來。大家對她也不再是冷冰冰，休息時間說話時，也不再把莫妍排除在圈外。

這一回合，莫妍算是打了漂亮的一仗。當然，搞定了同事們，還得搞定上司，畢竟決定自己生殺大權的可是坐在老闆椅子上的那一位。於是，等到稿子快要收尾的時候，莫妍便來到了王虹的辦公室。

「王主任，這期的稿子我已編得差不多了，可是到了收尾這塊把我給難住了，我都請教了好多人都不知道該怎麼弄，妳能不能幫我看一下？」莫妍一臉謙虛的問道。

「真是的，我自己的工作都忙不完，每天還要幫你們擦屁股。」王虹嘴上雖然這麼說，但還是拿過了莫妍遞過去的稿子認真的看了起來。

越往下看，王虹的臉色明顯有了改善，莫妍明白，自己這次算是問對問題了。

「這篇稿子前面部分還寫得不錯，可最關鍵的部分就在收尾這塊，如果尾收好了，是一篇很出色的文章，但若收不好尾，只能丟入垃圾堆了。」王虹看完了稿子說道。

「可是我卻對最後的收尾一點把握都沒有，想了幾個方案都不滿意。所以王主任妳幫我看看，應該如何寫下去。」莫妍一臉懊惱的說。

聽了莫妍的話，王虹認真思考起來，向莫妍提出了一些建議，並且告訴莫妍應該如何寫。其實王虹所說的那些莫妍早已知曉，但莫妍還是表現出受教的樣子，誇了王虹能力強，以後會努力向她看齊之類的讚美話。

一篇稿子寫完，莫妍儼然在辦公室眾人的眼裡變成了努力向上、虛心求教的好學生，而他們則成為了傳道授業的好老師。因此，在辦公室裡總能傳來諄諄的教誨聲，而莫妍與同事們之間的關係也變得更為融洽。當然了，王

虹仍然會在莫妍的稿子上指指點點，但是說出來的話明顯不再冷硬，而且時常還會傳授一下經驗。

　　向別人學習首先要自認無知。對於許多人來說，這樣做很難。因為人人都有虛榮心，不願意承認自己的無知，然而恰恰是這些虛榮心，成為了你前進道路上最大的障礙，如果你堅持認為自己多麼有本事，如何有才能，你的話都可以成為權威和經典，那麼你只能遭遇到別人的唾棄。相反，承認自己的不足之處，適時的向別人請教一些問題，不僅不會讓人看低你，反而會促進你與他人的關係，而且還能使你得到更快的成長和進步。

第9章　遇到職場偽君子怎麼辦？

浪跡法則九：別以為所有的笑容都是善意的，有時候它只是迷惑你的假象。

正所謂「明槍易躲，暗箭難防」。職場上，可怕的並非是那些直來直去的人，儘管這類人說話比較直，容易得罪人，但是他們心裡沒有那些小心思，一般不會有害人之心。怕就怕那些職場偽君子，這類人表面上對你非常好，時常和你推心置腹，一副同是天涯淪落人的樣子。可是轉過身去，那些推心置腹的話卻成了他暗算你的武器，讓同事誤會你，最後吃了虧，你都不知道是什麼原因。

那麼在職場遭遇偽君子，你該怎麼應對呢？其實有幾種非常典型的偽君子，只要小心一些，就能讓自己避免著了他們的道了。其中，有人特別喜歡用「前輩」的姿態來關心你的工作、生活，甚至是隱私，主要目的當然可能會是傳播是非，應對之策便是要將答案說得模稜兩可。譬如她在你面前把辦公室裡的某人批評得一無是處，你也不要急著去附和，而是說：「是嗎，我跟他接觸得不多，對他不夠了解。」如果有人和你談他不幸的遭遇，你也不應拿出自己曾經的不幸遭遇而作為交換，否則你的不幸將成為整個辦公室裡的趣聞。

當然，也有人喜歡擺著長者的姿態來對你諄諄善誘，一來他們年齡比你

大，再者他們比你有工作經驗，因而經常擺出你必須聽他安排的氣勢來。甚至在這些「前輩」的眼裡，新人都是一無是處的，儘管他們可能更多的是為了滿足自己的「控制欲」。這時即使你覺得他們所說的都已過時，你也應表現出一副虛心受教的樣子，給予他們足夠多的尊重。

總之，在辦公室這個大環境裡，不要輕易的露了自己的老底，在沒有辨別清楚對方是敵是友前，你所說的任何一句話都要深思熟慮，否則很容易被別人暗算。當然了，我們也可以識破職場偽君子，從而有效的避免他們對你可能有的傷害。

辨別方法一：眼神真誠度

眼睛是心靈的視窗，如果說話的時候，眼睛不停的左右閃爍，那麼多少說明他的心理活動比較頻繁；眨眼速率的變化，也與人的內心情感相關聯，對於速度忽快忽慢，頻率不定的人，請你敬而遠之。

辨別方法二：笑意達心底

你試著對鏡子練微笑，不管嘴角的弧度多麼誘人，你能夠保持多久發自內心的笑容呢？同樣，如果你不具備特別會調節氣氛、讓別人笑起來的能力，那麼對方對你笑得如此賣力，是另有目的還是職業本能？對於那些將笑當成手段的人，還是保持點距離。

辨別方法三：握手動作顯誠意

握手是現代社會人與人之間表示友好的象徵性動作。如果一個人跟你握手時只伸出了手指，那代表他精於世故、吝嗇貪婪，內心中對他人充滿了蔑

視。如果剛見面的人有這樣的表現，那還是應該多多了解，再進行深交。

［案例］

　　害人之心不可有，防人之心不可無。這句話莫妍不知道都聽說過多少遍了，可是真正遇到事的時候卻完全拋到了腦後。

　　在編輯部，與莫妍最為交好的除了老杜便是汪晴，再加上莫妍與老杜年齡相差較大，所以平日裡莫妍與汪晴走得較近，星期天一起相約去做美容、美甲。兩個人相處，自然會談及辦公室裡的人和事，其中最多的自然是編輯部主任王虹。

　　「妳說這王虹是不是有病啊，平時總老拉著一張臉，好像誰欠她錢似的，真招人煩。」汪晴喝了口咖啡抱怨道。

　　「呵呵，也是，自從我來公司就沒見她笑過。如果她前額再多個月彎，我想跟包公一樣。」莫妍也附和道。

　　「呵呵，人家可是女的，還包公呢！」汪晴笑著糾正道。

　　「哎，妳說她老公和她是怎麼相處的，要是平日裡說甜言蜜語，或者是做些親密動作的時候她是不是也拉著一張臉。真要是這樣，那她老公怎麼受得了。」莫妍想想著那幅畫面就覺得好笑。

　　「妳還別說，人家老公或許就喜歡這樣呢，我們辦公室裡面凡是結過婚的，夫妻間三天兩頭就會鬧點事，可是有關王虹的卻從未聽說過。」汪晴說。

　　「是嗎？或許每個人的喜好不同。不過真要是這樣，那王虹老公的喜好也太特別了。」莫妍笑了笑道。

　　汪晴大嘆一口氣抱怨說：「那是，不過可是苦了我們了。」

　　「是啊，每天看著她的那張冷臉我心情就變得很糟，就連中午吃飯都有些倒胃口。」莫妍有些許低落的說。

　　汪晴說：「心情變糟是小事，關鍵是人家還三不五時的找妳一點麻煩，一

個字，累。不但身累，心更累。」

莫妍說：「是啊，我看照這樣下去，用不了幾年，我們也會被她折磨得冷血無情。」

「唉，明天上班，我們還得繼續承受她。」汪晴發了發抖說。

「天吶，萬惡的星期一，因為她而變得更加恐怖。我們還是早點回家，儲備好力氣去迎接明天的黑暗吧！」莫妍喝完最後一口咖啡說。

萬惡的星期一，莫妍在膽膽驚驚中終於等到了下班，約了幾個好友準備去吃火鍋，可是在過馬路的時候，莫妍看見汪晴居然和王虹一起走進了一家餐廳。莫妍的眼皮開始突突直跳，想到昨天還有以前，自己還和汪晴一起說王虹壞話，背上冒起了冷汗。為了證實自己的想法，莫妍打電話告訴好友們自己臨時有事，然後便悄悄的跟了進去，找了個相近的位置坐了下來。

聽汪晴和王虹兩人說說笑笑，莫妍覺得她們兩人的關係並不像辦公室裡所表現的那樣。那麼，自己以前在汪晴面前說過的所有壞話，說不定王虹已全部知曉。果然，沒多久，莫妍聽到汪晴說：「哎，昨天跟莫妍在一起時，人家說妳整天冷著一張臉，影響她心情，而且還倒人家胃口。」

王虹有些不高興的說：「哼，她以為自己知名大學畢業就了不起啊！也不拿鏡子看看自己是個什麼東西，居然還敢說別人不是。」

聽到王虹的話，莫妍有些上火，但更讓莫妍上火的是，汪晴居然把自己與她所說的話告訴了王虹，當然汪晴省去了自己所說的那些話。

汪晴說：「她還說妳老公有些變態，居然喜歡妳這麼一個冷血無情的傢伙。」

王虹說：「哎，妳說她怎麼這樣啊！我和我老公關她什麼事，真是無聊。」

聽到這裡，莫妍心裡有些發涼，平日裡汪晴與自己掏心掏肺，無論何事

第 9 章　遇到職場偽君子怎麼辦？

好像都與自己站在同一戰線上似的，沒想到背後人家卻來了這麼一招。莫妍回去的路上越想越氣，真想找電話把汪晴臭罵一頓，可是剛拿起電話又放下來。怎麼罵，這事要怪只能怪自己識人不清。再說了，這一罵，以後汪晴這小人還不曉得怎麼整自己呢。想了想還是撥通了李楓的電話，把汪晴臭罵了一頓，算是出了一口氣。等到莫妍罵完，李楓說道：「罵完了，消氣了吧。妳啊，怎麼就這麼容易相信人。」

「什麼嘛，是她太會偽裝了好不好。誰會想到每天和你掏心掏肺的一個人，背後裡居然搞這樣的鬼。」莫妍仍有些憤憤不平的說。

李楓說：「這件事確實有些棘手。畢竟識清一個偽君子確實不是一件容易的事。就像古時候有一位女人就是因為未識清偽善者而毀了自己。與她比起來，妳幸運多了。」

莫妍問：「是嗎，我怎麼沒聽說過。你說說是怎麼回事。」

李楓說：「故事是說魏王送給楚王一位美女，楚王對她非常寵愛。楚王的夫人鄭袖看到楚王對那位美女是那麼的喜歡，心中早已妒火中燒。但鄭袖在表面上仍然裝出十分喜愛這位美女的樣子。

「平時，她待那位美女猶如親姐妹，無論是衣服玩物還是居室臥具，鄭袖總是要選最好的給她，甚至還表現出愛她勝過愛過楚王的樣子。看到這些，楚王對鄭袖很滿意，並對鄭袖大加讚賞。

「不久，鄭袖覺得打擊美女的時機已到。一天，她很體貼的對那位美女說：大王對妳的美讚嘆不已，但美中不足的是，他覺得妳的鼻子不太漂亮。如果妳以後和大王在一起時，略微掩飾一下就好了。

「於是美女聽從了鄭袖的建議，她每次見到楚王，使用袖子掩飾住自己的鼻子。

「楚王覺得很奇怪，便問鄭袖說：美女為什麼見到我，總愛掩住鼻子呢？

「鄭袖故作為難的說：大王，我知道其中的原因，但是，我不能說出來。

「這讓楚王很迷惑，他說：有什麼事，居然連我都不能說。

「鄭袖故意壓低嗓子，靠近楚王說：她討厭大王您身上的臭味。

「楚王一聽，氣得七竅生煙。一怒之下，命人把那位美人的鼻子割了下來。」

「天吶，這後宮女人間的戰爭可真是殺人不見血啊！這樣說來，我確實比她幸運多了。」莫妍心有餘悸的說。

「或許在妳聽來，這個後宮女人的爭鬥很可怕，但是職場的爭鬥同樣如此。別以為所有的笑容都是善意的，有時候它只是迷惑你的假象，等到妳走進了他設計好的圈子，那麼就有你受的了。」李楓警告說。

莫妍說：「嗯，確實，這件事，幸虧被我發現了，不然哪一天我說了更為過分的話，那麼我可就在不知不覺中成了王虹的眼中釘，到那時我的死期就近了。」

「知道就好，以後別動不動就在別人面前抱怨辦公室裡的人，尤其是在同事面前抱怨。」李楓囑咐道。

莫妍說：「好，不用你提醒，經過這件事，以後打死我也不敢在別人面前說他人的壞話，不然丟了飯碗，我喝西北風去。」

跟李楓通完電話，莫妍心裡好受了一些，不過想到汪晴居然是一個偽君子，莫妍心裡還是陣陣不爽。但在以後的工作中，莫妍儘管與汪晴保持著友好的關係，卻從未在汪晴面前說過辦公室其他人的壞話，相反，莫妍還會時不時的在汪晴面前誇讚辦公室裡的其他人。

別以為所有的笑容都是善意的，有時候它只是迷惑你的假象。莫妍之所以會在汪晴面前說王虹壞話，完全是因為她自認為汪晴與自己是站在同一戰線上的，而且汪晴所表現出來的，也正是討厭王虹。卻不知，汪晴只是用自

己偽善的一面對待莫妍，至使莫妍掉進了她所設計的圈套，差點成為辦公室八卦的犧牲品。

　　身在職場，遇到偽君子真是一件特別不幸的事情。因為他是偽善的，不易被人所察覺的，所以當我們對他掏心掏肺時，人家卻在想著怎麼害你。因此，許多人的職場之路都被毀在了這些偽君子手中。所以，踏入職場，在你決定對一個人傾吐心聲前，請先識清他的真面孔，記住，不是所有的笑容都代表善意，它也有可能是陷阱。

第 10 章　完成上司交代的任務真的可以了嗎？

浪跡法則十：積極主動才能贏得大家的認可，被動的等待只會讓你更快的出局。

主動去做上司沒有交代的工作是一種積極的工作態度，它不僅能使你贏得上司的好感，還有助於提高你的專業能力。可以說，在現代職場裡，有兩種人永遠無法獲得成功：一種人是只做老闆交代的事情；另一種人是做不好老闆交代的事情。

因此，任何一個員工，都不能只是被動的等待上司告訴你應該做什麼，而是應該主動去了解自己應該做什麼，還能做什麼，怎樣精益求精，做得更好，並且認真的規劃它們，然後全力以赴的去完成。

即使不是你的工作，也可以爭取積極去做，因為這就是機會。有人曾經研究為什麼機會來臨時我們無法確認？因為機會總是喬裝成「問題」而出現。所以在工作中出現難題時，也許正為你創造了一個珍貴的機會。

所以，不要消極的等待別人的指令。自動自發的去尋找該做的事情，它

會讓你的職場之路更為順暢。

［案例］

前段時間，影印資料、整理文件、掃描資料這類事情都是莫妍的工作，但是自從開始參與報紙的撰稿後，莫妍也漸漸從那些打雜的工作中脫身出來。

可讓莫妍想不通的是，與自己同期錄取的李娜儘管被分配的工作是外出記者，可是辦公室裡一些打雜跑腿的事，她卻搶著做，甚至是倒咖啡，李娜都衝在前面。而且幾乎每天李娜都是第一個來到辦公室，主動把辦公室的環境打掃一遍，擦桌子、倒垃圾，從不怠慢。對此，莫妍曾多次在私底下勸說：「妳怎麼就那麼傻，明明不是自己的工作，幹嘛要把自己搞得那麼累。與其把時間浪費在那些小事上，還不如多花點時間在編稿上。真不明白妳是怎麼想的。」

對於莫妍的勸說，李娜也總是置之一笑。過後仍會幫著同事們做一些工作。其實李娜明白，像自己這樣，沒有任何背景，自身能力又不高，如果不盡快的成長起來，就很可能會面臨被辭退的命運。但如果想得到盡快的成長，就少不了要向同事們請教，可誰願意花費自己的時間去教一個沒有任何關係的新人呢，所以李娜只能先從幫助同事們做事這一招來獲得他們的好感，這樣一來，當自己在工作中遇到難題時，就可以找他們幫忙了。果然，在以後的工作中，同事們對李娜在工作上的指導不少，這使李娜的工作能力得到了很大的進步。更為重要的是，李娜的勤快和工作能力得到了總編王虹的滿意，開始把一些選題交給她來完成。

就在李娜被同事們接受，得到上司欣賞的時候，莫妍的境況卻越來越糟糕。由於莫妍自身文筆不錯，所以上司交代下來的任務一般都能很快的完成。而剩下的時間莫妍就拿出自己所訂閱的各大報社的報紙研讀。星期五快

下班時，李楓打來電話說是請莫妍吃飯，於是兩人便在電話裡聊了開來。剛巧王虹從辦公室裡走了出來，看見莫妍在打電話，便丟下一句「來我辦公室」轉身離開。

　　莫妍匆匆掛了電話往主編室走去，一進門就迎來王虹的一陣炮轟，最後還發話：「如果不想做，直接收拾東西走人。」

　　這讓莫妍很是鬱悶，不就是接了個電話嗎，公司章程上也沒規定上班時間不准接電話啊！這明顯是沒事找事。更讓莫妍氣憤的是，自從那天後，王虹總會丟給她一些吃力不討好的選題，而同事們也都一副看好戲的樣子。

　　誰知在莫妍鬱悶了幾天後，編輯室副編劉燕卻約她一起吃飯。這讓莫妍有些意外，畢竟這些天同事們都不怎麼待見自己，王虹也很少正眼看她，現在劉燕主動向她示好，莫妍怎能不好好把握。

　　「我見妳最近幾天總是悶悶不樂的樣子，是不是還為上次的事而煩心。」劉燕關心的問。

　　「嗯，算是吧，自從被王虹罵了之後，分配給我的都是一些別人不願意做的工作，三天兩頭還得加班。而且即使做好了，王虹也認為都是我應該做的，連一句表揚的話都沒有。」莫妍開始向劉燕大吐苦水。

　　聽完莫妍的話，劉燕說：「上次的事確實是妳做得不對。不過，上次那件事也只是一個導火線，畢竟沒人願意拿著差不多的薪水，自己忙得焦頭爛額，妳卻在一邊混日子。所以即使沒有這件事，妳還是會被大家所冷落。」

　　「我混日子，怎麼會，我明明把每一項工作都做完了？」莫妍反駁說。

　　「我知道，妳把每一項工作都完成了。可是，在職場中，只是一心把自己的本職工作做好還不行，妳必須要讓大家看到妳的忙碌和努力。而不是讓大家看到妳的閒散。在這一點上，李娜可比妳世故多了。」劉燕解釋說。

　　劉燕的話讓莫妍陷入了深思。的確，自己和李娜是同一期應徵進來的，

第 10 章　完成上司交代的任務真的可以了嗎？

但經過一段時間的了解，李娜的能力明顯要比自己差許多。可是現在李娜都開始獨立完成選題，自己卻仍然抱著一大堆稿子校對。不得不承認劉燕的分析是正確的，畢竟李娜每天看起來都很忙碌，工作完成後不是掃描稿件，就是列印資料。反觀自己，雖然盡職盡責的完成了所交代的工作，但是一有時間就會拿出訂閱的報紙研讀。與李娜相比，自己的表現的確像是在混日子。

「都說聽君一席話，勝讀十年書，今天，我終於理解這句話的真正含義了。看來，我應該調整一下自己的工作方式，至少讓別人怎麼看我都在很努力的忙著工作。不過這還得感謝劉燕姐的指點，不然憑我這笨腦子等到被辭退都開不了竅。」莫妍一臉謝意的對劉燕說道。

劉燕對點醒了莫妍的成果很滿意，但她的目的可不僅僅是點醒這麼簡單，更重要的是把莫妍收為心腹，因此，她對著莫妍客氣道：「其實我很看好妳的，工作能力強，人也好。可是妳也知道，官大一級壓死人，她是正，我是副，我想插手也插不上。不過說句實話，我不怎麼喜歡王虹的做事風格。那天本來快下班了，再說電話打進來妳總不能不接是吧，可她卻小題大做，鬧得整個辦公室都知曉。以後妳跟她接觸時還是多個心眼的好。」

莫妍聽著劉燕發自肺腑的話，自覺的把劉燕歸為了「戰友」。但是經過劉燕的提點，莫妍開始改變自己，她不僅把王虹交給她的那些沒人願意做的工作做得很好，而且工作完成後還會主動向王虹要求額外的工作，於是以前那個在眾人眼中「混日子」的莫妍不見了，現今的她不僅工作努力，而且還積極主動。漸漸的，王虹和同事們對她的印象有了很大的改觀，更為重要的是，王虹漸漸的開始分配一些選題讓她嘗試。

許多人願意去做那些輕鬆而又容易得到老闆認同的工作，而不願意接手那些額外的或者是費力不討好、瑣碎、不起眼的工作。更別提主動搶著去做事了。莫妍也對李娜天天搶著做工作而罵她傻帽。可是結果卻是，李娜不僅

受到了上司的重視、同事們的認可，還因此而開始嘗試獨立完成選題。莫妍儘管認真的完成了上司所指派的工作，但是因為表現得不夠忙碌而未能得到重用，只是被分配做一些吃力不討好的工作。

　　看來，任勞任怨的工作不僅表現在認真做好本職工作上，也表現為主動的去接受額外的工作，主動的替上司和同事們分憂解難。

　　當然，你沒有義務要做自己職責範圍以外的事。但是如果做事情不用老闆交代，自願去做，自己就會形成一個鞭策機制，鞭策自己快速前進。做事不用上司交代是一種極珍貴的素養，能使人變得更加主動，更加積極，更加敬業。更為重要的是，當你展現給眾人的是忙碌工作，而非悠閒時，做任務時你有選擇權。

第11章 有時加班只是一個名目

浪跡法則十一：加班只是一個表面文章而已，真正的意圖在加班外。

在這個弱肉強食的現代社會，從來不加班的人並不多，天天加班的人倒有不少；有加班費的不多，義務勞動的倒是不少；能要到加班費的不多，被開除的倒是不少。可以說，加班已經成為現今職場上的一種常見現象，可是如果工作順利完成了，你還需要繼續加班嗎？

我的答案是，如果你想獲得上司的好感，職場之路更為順暢，那就加班吧！或許你從小接受的道德教育使你無法心安理得的繼續坐在辦公桌前，畢竟工作已經完成，又何必假裝坐在辦公桌前忙碌呢，這是一種虛偽的表現。

可是如果你仔細觀察辦公室裡那些留下來加班的人，並非都是因為工作未完成而自願加班，相反，有一部人儘管已經完成了，但卻仍然留下來加班。

如果你留心，你也會發現，那些留下來加班的人比那些不加班的人更受上司的器重，職場待遇也要好上很多。

可見，有時候，加班只是一個名目，加班背後的故事才是真正值得研究的。老練的職場人士都知道，主管還沒有踏出辦公室大門的時候，自己不應該貿然的離開辦公室。也許看似不在意的主管其實很在意「加班」中的下屬。

加班中的下屬，在大多數時候，在主管心目中的印象都是「勤奮」、「努力」、「上進」的。不管你是不是真的在加班，上級總是喜歡忙碌的下級。儘管有時候你做的未必比別人多。

[案例]

經過諸多努力，莫妍在辦公室裡的處境已經有了很大的改善，但是不管自己怎麼努力，一直都排在李娜的後面，就連月底的獎金都沒有李娜拿得多。為什麼同時進公司，而且所分配的工作任務一樣多，但是享受的待遇卻不同呢？為此，莫妍在心裡憋了一肚子的氣。

難道真的因為李娜時常搶著做一些打雜類的工作，使得她在主管心中的形象大好，所以每個月才拿到比自己多的獎金嗎？

當然，莫妍也明白，李娜除了搶著做一些打雜類的工作外，每天上班要比自己早，但下班卻比自己晚。可是莫妍覺得這根本就不是問題的關鍵，因為早到和晚退只能說明了一個人的態度取向，而且工作已經做完，下班後繼續待在辦公室不是有些太做作了嗎？而且莫妍也打聽過，李娜背景也很普通，父母都是老實本分的薪水階級，親戚朋友也沒什麼可利用的關係。那麼到底是什麼原因導致了自己與李娜之間有了不同待遇呢？

恰好這天接到了李楓的電話，詢問她最近的工作怎麼樣。於是莫妍便把心中的疑惑說了出來。

聽了莫妍的話，李楓說：「人家早到晚退，妳是按時按點，待遇不同是必然的事。如果我是妳的上司我也會這麼做。」

「為什麼，同樣的工作我不加班就能完成，她卻需要加班，這說明她的能力在我之下。為什麼還給她加薪而不是為我。」莫妍委屈的大叫道。

「大學是培養庸才的基地，這句話用在妳身上倒是蠻符合的嘛。」李楓笑道。

第 11 章　有時加班只是一個名目

「什麼嘛，居然拐著彎的罵我。再說這根本與笨或聰明無關好不好。反倒是上司看人的眼光有問題。」莫妍憤憤不平道。

「這就是笨與聰明的問題，如果不笨怎麼想不到表面文章的好處。」李楓的話通過手機傳了過來。

「表面文章？」

「對，問題的關鍵在於表面文章上。在辦公室裡，老員工可以一到時間就撤退，也可以踩著時間到辦公室，但是新員工就不行。因為在所有人的認知裡，你要完全的勝任所分配的任務，還需要學習很多東西，而學習是需要時間的。所以李娜的加班顯現出的並非是妳的聰明，相反，它傳遞給大家的資訊是妳不勤奮、不努力、不上進。那麼妳說上司是喜歡妳，還是喜歡那個看起來異常刻苦努力的新員工呢？」

「你說的沒錯，我大學四年算是白混了。那現在怎麼辦？難道我也學著李娜天天早到晚退？」莫妍有氣無力的說道。

「是的，妳應該學李娜早到晚退，但是並不是盲目的早到晚退，妳先要弄清楚，妳們報社重要人物的一般作息時間，就比如他們的平時幾點會到公司，這一點妳一定要搞清楚，在他們到報社之前妳要提前一步到達。當然了，如果報社的重要人物都走了，妳還留在辦公室加些無用班那就是浪費時間。」李楓提議道。

「哎，你這個辦法聽起來不錯。要是我把這個辦法傳授給你手底下的員工，相信你的形象一定會得到改觀。」聽到了解決辦法之後，莫妍開始開起李楓的小玩笑。

「我手下的那群人可不勞妳大駕，他們現今可是個個都成精了。妳眼裡的這些大難題，在他們眼裡早就是職場常識了。」李楓開始暗諷起莫妍來。

莫妍也不認輸的說道：「那是自然，有個狡詐的上司，不成精能混得下去

嗎！如果我是你的員工，那就天天等著往陷阱裡跳吧！」

「妳要是我的員工，別說是陷阱了，我就是說妳一句都捨不得。怎麼樣，有沒有興趣跳到我們公司來。我幫妳開一路綠燈。」李楓積極的鼓吹道。

「哎，可別，行銷可不是我的長項，我還是天天做我的新聞來得省事。」莫妍裝傻道。為防止李楓進入深一步的話題，莫妍急忙說，「哎，我還有事先掛了，以後有時間再聊。」

聽到莫妍明顯有些躲避的話語，李楓有些小小的受傷，但還是寬容的說：「好，妳去忙。」

老闆喜歡忙碌的員工，這說明你在為工作而盡心盡力。所以有時候，加班並不是工作有沒有完成的問題，很多時候，加班只是一個名目，加班背後的故事才是真正值得研究的。作為一個新員工，上司還沒有踏出辦公室大門，你卻提前撤退，那勢必會影響你在上司心目中的形象。就像莫妍與李娜雖然完成的工作任務量一樣，但李娜經常性的早到晚退，使她在上司心目中的形象分數大增，結果不僅受到上司的喜歡，而且還得到了額外的獎金。所以，不要單純的以為加班只是工作未完成，相反，加班只是一個表面文章而已，真正的意圖在加班外。

第 12 章　職場禮儀你懂嗎？

浪跡法則十二：踏進職場，請丟掉你的天真，自覺補上職場禮儀
這一課。

「不以規矩，無以成方圓。」職場禮儀是現代社交禮儀的主軸之一，也是職場人士的必修課。對於辦公室中的個人來說，禮儀是你左右逢源，事業蒸蒸日上的利器。為什麼職場中有些人樂於助人，卻經常惹得同事或客戶滿臉的不高興；有些人工作勤勞誠懇，位置卻是一動不動？其中很關鍵的一點就是這些人不懂禮儀。因為不懂得禮儀，所以在無意中得罪了主管和同事而不自知，成了眾人眼中無惡意但無禮的人。

因此，一個人若想在複雜多變的職場中有所作為，了解並掌握這些規矩，能夠讓你迅速成長為一名真正成熟的職場人士，生活中少鬧笑話，工作中不再犯錯，成為主管眼中的「金牌員工」。其中以下幾點是必須注意的職場禮儀：

以右為尊，在與主管、來賓並排站立、行走或者就座的時候，你應該主動居左，請對方居右。

在排列宴會的席位時，如果只設有兩桌，一般以右桌為主桌。在一張桌子上以面對宴會廳正門的位置為主位，由主賓就座，主陪應該安排在主賓的右側。

乘坐由專職司機駕駛的雙排轎車時，通常以後排右座為第一順序座，請主管或者貴賓在此就座。後排左座、前排副駕駛座則分別是第二順序座、第三順序座。

乘坐電梯時，讓主管或貴賓先上先下，主動站在開關按鍵處，並給主管或貴賓「優先權」，盡量讓他們先到達要去的樓層，哪怕你要去的樓層在先。

［案例］

這天，莫妍特別起了個大早，想以勤奮努力的新形象贏得辦公室裡眾人及主管的好感。恰好在電梯口與李娜碰了個正著，兩人剛走進電梯，就看見王社長走了過來。莫妍的第一反應是趕緊按下關閉按鈕，可是已經來不及了，因為她發現王社長已經注意到她們了。於是硬著頭皮按住了暫停按鈕，等到王社長走進了電梯，莫妍禮貌性的問道：「王社長早，請問社長去幾樓？」

「8樓。」王社長惜字如金的說。

莫妍所在的編輯部在6樓，於是她小心的按下了8，再按下6。而在一旁的李娜一副欲言又止的樣子，王社長的臉也變得有些嚴肅。莫妍感覺出問題了，可是礙於王社長在場，也不好問。電梯到了6樓，莫妍和李娜跟王社長說了聲再見，一前一後的走了出來。等到電梯門關閉後，莫妍向走在一起的李娜問道：「剛才應該沒什麼問題吧！」

李娜看了莫妍一眼，說道：「什麼叫做應該沒有問題，是有問題好不好。哪有妳這樣的，跟老闆同搭電梯，要讓他們先去想去的樓層，哪怕我們從上面再走下來，也比這樣好啊！」

李娜的話，立即讓莫妍有些虛脫，本想著給主管們一個好印象，卻沒想連這點最基本的職場禮儀都沒有留意到。從畢業到今天，莫妍乘坐電梯的時候，從來不管身邊有沒有主管，總是按下按鍵，到了目的地就下，絲毫不知

道這裡面也有學問。倒是李娜連這麼小的細節都注意到了。

　　不過經過這一次，莫妍學乖了。晚上下班後，直接打開電腦，找出職場禮儀認真研究起來，把每一項該注意的地方都記在了心裡。

　　為什麼李娜欲言又止，社長的臉變得嚴肅，關鍵在於莫妍按下了那個6，也就是說她不懂職場禮儀，使自己的形象大打折扣。

　　其實，在職場中，好多人因為不懂禮儀，收到別人的名片後隨便放，卻沒留意到對方的臉已經悄悄拉長了；也因為不懂禮儀，他們向主管敬酒時把酒杯舉得比對方還高；哪怕是和同事們打交道，他們也可能因為不懂禮儀而無形中得罪了人，比如代人接聽電話，無意中知道他不願為人所知的私事……於是，在眾人眼中，他成了一個沒有惡意但也很無禮的人，使自己的職場之路變得更為坎坷。

　　所以，踏進職場，請你自覺的補上職場禮儀這一課，別再做「無禮」的人。

第13章 工作要到位，但絕不能越位

浪跡法則十三：找準位置，把本職工作做好。對於超出自己工作範圍的工作，即使能力足夠，也不要插手，職場最忌越位。

在生活中每個人都扮演著屬於自己的角色，在一個團體之中，每一個人都有屬於自己的位子。即使得意時也不可忘形，不小心把手伸到人家的地盤上，難免會受到上司的戒備、同僚的排擠。知道什麼事情該做，什麼事情不該做，是一種智慧，更是一種氣度。找準位置，把本職工作做好。對於超出自己工作範圍的工作，即使能力足夠，也不要插手，如此才能不越位、不越權，才能走出一條平穩的發展之路。

上司和下屬之間的角色關係被確定，人們就會依照彼此間所認可的相互來往方式與對方「打交道」。作為下屬，應依據法律或章程賦予的特定職責和許可權進行工作。作為下屬，應圍繞上司去實現目標。上司和下屬都各做各的事情，各守各的本分。既不應讓上司主管去做下屬的事，陷入事務主義；也不應讓下級人員去做上級的事，出現「越位」，即越權或擅權。我們強調，要準確的認知自己的社會角色，擺正自己的社會位置，目的是為了防止和克服「越位」現象，找到一個穩妥的出力方式。

身在職場，要想真正成為主管靠得住、信得過、離不開的得力助手，就必須掌握好辦公室工作的特點，找準自己的位置，不要讓自己越位，也不要

讓別人占據了自己的位子，這樣，才能夠保證團體成員間的協調合作，推動共同的事業向前發展。如果大家都找不準自己的位置，團體工作便無法協作進行。

　　當然，從為人處世的角度看，一個人要想達到升遷的目的，就必須腳踏實地的做好自己的本職工作，若非自己許可權範圍的事務，最好不要隨便攬和或插手。這樣，才不會給人一種不尊重上司，或者想霸占上司位置的感覺。否則，鋒芒畢露，顯現自己的野心，將會受到同僚的攻擊、上司的防備和打擊，從而嚴重影響個人工作的順利進展和事業的發展。

　　那麼，「越位」主要表現在哪些方面呢？

職責越位

　　哪些工作應該由誰做，這裡面有時也有幾分奧妙。有的人不明白這一點，有些工作，本來由上司出面做更合適，他卻搶先去做，從而造成職責越位。

表態越位

　　表態，是表明人們對某事件的基本態度，一般與一定的身分相關聯。超越身分，胡亂表態，是不負責的表現，是無效的。對帶有實質性問題的表態，應該經過上司或上司授權。而有的人作為下屬，卻沒有做到這一點，在上司沒有表態也無授權的情況下搶先表明態度，造成喧賓奪主之勢，這會陷主管於被動，主管當然會很不高興。

決策越位

決策，作為領導活動的基本內容，處於不同層次上的領導者其許可權是不一樣的。有些決策可以由管理者做出，有些決策則必須由上司做出。有的下級人員不能充分認知這一點，明明應該由上司做出的決策，他卻超越許可權，自己擅自做出。

場合越位

有些場合，如與客人應酬，參加宴會，也應適當突出上級。有的人作為下屬，張羅過度，顯自己過多，顯上司太少，這也不好。上司接見重要人物，參加宴會，一般會讓上司走在前面，給的鏡頭要多些；照相也都是讓上司處於顯眼位置。這點，我們在處理與上司關係時，很有必要借鑑。在某些場合，最好也要注意不越位。

答問越位

有些問題的答覆，往往需要有相應的權威，作為職員、下屬，明明沒有這種權威，卻要搶先答覆，給主管造成工作中的干擾，這是一種不明智之舉。

總之，任何個人都是處於社會中的個人，他總是在社會中居於某一特定位置，有一套與這種位置相關聯的行為模式，代表著一套有關行為的社會標準，即人們的角色地位。這種角色地位是社會客觀賦予每個人的，代表了每個人在社會關係中的位置，是每個人的身分，誰都不應超越。它決定了人們的行為必須與它相符合，這樣才能夠與其他社會角色的關係處於常態，保持

和諧。反之，則必然引起自己與其他社會成員的關係緊張，甚至危及正常工作和秩序，對社會和事業造成不良影響。

［案例］

　　俗話說：人倒楣的時候，喝口水都塞牙縫。前兩天因為坐電梯的事，莫妍已經鬱悶到不行。可沒想到今天又自作聰明，把王虹給得罪了。

　　昨天，報社裡的一位特約專欄作家由於沒能按時把稿件傳過來，再加上當時他的電話又打不通，為此搞得整個出版社是人仰馬翻，但好在大家的努力之後，報紙還是按時印刷了。儘管如此，還是引起了王社長諸多的不滿。

　　王社長讓王虹寫一篇解約協議書發過去給作家。而恰好王虹手邊有事要忙，於是又把這件事交給了莫妍去做。

　　莫妍心想這不是什麼難事，只是把寫好的協議書發過去給對方就行，再說是對方沒能按時交稿，於是便接下了這份工作。莫妍編寫完解約協議書後交給了王虹過目，回覆說沒什麼問題，讓她直接發到對方的電子信箱。

　　可當莫妍正準備發送的時候，早上請假去醫院的老杜回來了，看到莫妍所寫的解約協議書。於是便對莫妍說：「哎，這是誰讓妳寫的？」

　　「王主任。」

　　「不會是讓妳發給對方吧！」老杜一臉不相信的問。

　　「這份協議書王主任已經看過了，說直接發到對方的信箱。有什麼問題嗎？」莫妍有些不解的問。

　　「解約書是沒問題，可關鍵是我們不應該做落井下石的事。」老杜嘆了口氣繼續說道，「我今天早上去醫院時得知，對方根本不是有意不交稿，而是昨天出了車禍，現在還在昏迷之中呢！」

　　老杜的話讓莫妍有些震驚，畢竟昨天忙著趕稿的時候，自己還在心裡暗罵那位作家耍大牌呢，沒想到對方出了車禍。要是這樣，自己現在發解約協

議書過去，確實是落井下石。於是莫妍便自作主張的取消發送任務。心想，等一下向王虹說明一下情況，可誰知恰巧被一些事給纏住了，這一忙便把向王虹匯報的事拋到了腦後。

等到下午快下班的時候，莫妍被王虹叫進了辦公室。莫妍一進去，看見王社長也在，心知可能是作家出車禍住院的事已經傳開了。才這麼一想，就聽見王虹問道：「莫妍，上午交給妳的解約協議書，妳發送給對方了嗎？」

「我沒發。」莫妍有些得意的說。

「可是我記得我看完內容後，告訴妳發送到對方信箱裡。」王虹的語氣聽起來有些生硬。

「噢，本來我也是準備發送的，可是聽說對方是因為出車禍住院而沒能按時交稿，所以我便又取消了發送任務。」

聽了莫妍的解釋，王虹的臉色並沒有什麼轉變，語氣也依舊冷硬：「那這件事妳怎麼沒向我匯報。」

「我剛好手裡有份急稿，一忙起來就給忘了。」莫妍開始有了些不好的預感。

「這個辦公室裡妳是主任還是我是主任，妳倒是一句忘了就把責任推了個一乾二淨。」王虹把手裡的文件重重的扣上，沉聲問道。

莫妍呆住了，有些無措的問道：「那要不我再重新發送一遍。」

「發送倒是不必了，不過妳這一沒發送可讓我成了小丑。」坐在一邊一直沒發話的王社長看了一眼莫妍說。

王社長的話讓莫妍有些跟不上思路，自己沒發送協議書怎麼會讓社長出醜呢？但還是聰明的道歉說：「對不起！」

「寫份檢討書交上來，記過一次。」王社長說完，便走出了辦公室。

這個結果讓莫妍有些難以接受，只是沒有發送一份協議書而已，有必要

接受如此重的懲罰嗎？但還是有些不放心的問道：「王主任，那份協定還需要再發送一份嗎？」

「發什麼發，我們都以為妳發了，所以中午的時候王社長跑到醫院去跟作家道歉，可是等到王社長客套話說了一大堆，對方卻說自己沒有收到協議書。這就是妳鬧出的笑話。」王虹有些無奈的說。

莫妍沒有發協議書的出發點是好的，而且報社也覺得應該這樣做。可是由於莫妍自作主張後並沒有把這件事向上級匯報，結果使得王社長在對方面前鬧了笑話。而莫妍也因此事而接受了處分。如果莫妍按照要求，把協議書發給對方，也不會受到什麼責罵。但問題是莫妍的未發送，使上司們有了自己的權力被逾越的感覺，這才引起了上級的不滿。

其實，由於不懂「規矩」，而擅自越位是職場人常犯的錯誤，但你卻必須明白，無論你幫上司管了多少事，不該做主的時候做主，即使上司很依賴你，你都不能替他做任何決定。畢竟他是你的上級，有些事他可以做主但你不能。

第 14 章　得罪了上司怎麼辦？

　　浪跡法則十四：知錯就改，善莫大焉。犯錯並不是一件事情的結束，反而是另一個開始。做好危機公關，你一樣可以贏得很精彩。

　　危機公關是每一個職場人都應具備的能力，尤其是在與上司發生矛盾的時候，職場人更是應該果斷的運用自己危機公關的能力，將矛盾化解於無形，這是職場人縱橫職場的一大法寶。

　　如果職場人一不小心得罪了上司，不應該過於悲觀，而應馬上拿出對策來化解這種對立的局面。

　　首先在得罪了上司之後應做到主動出擊。每天遇到上司的時候，主動問好。如果你們之間沒有什麼大矛盾的話，這種主動出擊的辦法會很容易將兩個人的對立情緒淡化，時間長了就「大事化小，小事化無」。

　　有些人在得罪了上司之後，喜歡和自己的同事訴苦。或許你只是想從他們哪裡獲得安慰，但你完全不必如此。因為若是上司的過錯，同事們不好說什麼，因為是個聰明人都不會介入你和上司的對立之間，他們又怎麼會安慰你呢？如果錯的那個人是你，你的同事也不忍心說破。若是你訴苦的對象恰巧是一個「壞」同事，他不僅不會安慰你，反而會把你的訴苦加油添醋的轉達給上司，這對於你化解與上司之間的裂痕就更不利了。所以，與上司和解

第 14 章　得罪了上司怎麼辦？

的最好辦法就是自己理清問題的癥結，找出合適的解決方法，重新建立自己與上司的關係。

在得罪上司後，你需要第一時間向他們伸出「橄欖枝」。因為你得罪上司也許只是因為一時氣憤，冷靜下來時，你很快就會意識到問題的嚴重性，這時候你要在第一時間做出反應。

如果錯的一方是你，你就要第一時間去找上司認錯，向他道歉。道歉不是簡簡單單說聲對不起就了事了，你還要找出造成自己與上司分歧的癥結，把其中的誤會和上司說清楚，並且要向他表示自己會以此借鑑，以後避免相同的錯誤發生。假如錯的一方是上司，你可以對上司說自己是一時衝動，希望他能夠原諒。一般來講，這個時候上司也會從負面情緒帶來的不理智中走出來，他可能也會意識到自己的錯誤，但他們是不會主動向下屬道歉的。你主動去找他們，說出自己的不是，等於給了他們一個體面的臺階，他們沒有理由不接受你的道歉，這有益於恢復你與上司之間的良好關係。

如果你因為出色的危機公關而得到了上司的原諒，還要記得及時鞏固道歉的成果。你可以寫一封電子郵件給上司，表達對他胸懷大度的感激，以及對他深明大義的敬佩。這樣一來，一場風波不僅會安靜的收場，還可能為自己在上司心目中的形象獲得加分。

［案例］

這一來二去，莫妍算是把報社裡對自己有著直接關係的主管都給得罪了。再加上那天挨罵的時候，莫妍還沒弄明白是怎麼一回事，結果便錯過了第一時間認錯的機會。

莫妍知道錯誤已經造成，若是就這樣聽之任之，那對自己在報社裡的發展肯定有百害而無一利。但莫妍也堅信，危機的背後也隱藏著轉機。

經過一番思慮，莫妍覺得自己應該好好利用寫檢討書這個機會，以此來

改善自己在王社長和王虹心目中的形象。因此莫妍寫完檢討書後，對裡面的措辭和內容進行了反覆的修改，真可謂是認錯態度誠懇。

莫妍把檢討書親自送到了王虹辦公室，看著王虹仍然有些僵硬的表情，莫妍說道：「王主任，對於這次的事情我感到非常抱歉。因為我的疏忽，不僅把事情弄得很尷尬，還讓妳在王社長那裡挨罵，辜負了你們對我的信任。請妳給我一個將功贖罪的機會，這次我一定會好好努力，不會讓你們失望。」

「小莫，如果因為對方受傷住院而沒能及時遞稿，於情於理我們都不應該在這個時候再送去一棒，能想到取消發送郵件，這件事妳做得也不是完全錯。可是妳也不能忘了報社不是妳一個人，任何工作任務的改動，都應該及時的向上級匯報，不然這報社真的無法正常運轉下去。忙於工作這值得表揚，可是妳也不能因為工作忙而犯如此大的錯誤。」

聽了王虹的話，莫妍急忙接過來說道：「是，妳說得對。我應該在取消發送的第一時間向妳匯報這件事。這確實是我的疏忽，為此而給妳帶來的麻煩，我向妳說聲對不起。以後我一定會認真工作，絕對不會再讓此類的錯誤發生。」

看著莫妍一臉的誠懇，王虹覺得自己若一味的把錯誤推到莫妍身上，勢必會影響莫妍對自己的看法，於是便改口道：「小莫，其實這件事我也有責任，不應該沒有確認清楚就向王社長匯報上去，結果弄出了笑話。」

聽到王虹這樣說，莫妍知道自己已經是初戰告捷，但是還須再努力一把，於是急忙說道：「不，這件事情的責任在於我。當妳說我送去的文件沒問題時，這件事情就已經是我的責任了。是我的中途中止才使事情發展到了如今的局面。所以請妳給我一次將功贖罪的機會。」

「好吧，妳的這份檢討書，我會親自送過去給王社長。這件事算是就這樣過去了，以後安心工作吧！至於將功贖罪嘛，就拿出好的成績來給大家看

看，怎麼樣？」

「是，我以後一定會努力工作，絕對不會辜負大家對我的期望。」莫妍鄭重的保證道。

「那就好好努力，要是沒什麼事，就去工作吧！」

莫妍知道經過這次，自己總算是在王虹面前把所犯的錯誤給擺平了，可是王社長那裡可是個大問題，那才是決定自己命運的老大，可是親自向王社長承認錯誤，可不是什麼易事。如果直接去找，說不定又是一個越位，可是若不主動，那要等到何年何月。但令莫妍有些意外的是，第二天下午，王虹過來對她說道：「莫妍，王社長要妳去一趟他的辦公室。」

聽到這個消息，莫妍還有些反應不過來，沒想到自己正想著怎麼找王社長，王社長卻來請她了。不管是福是禍，自己一定要把握這次機會，把自己往日在王社長心目中留下的壞印象都給抹刷掉。

不過快到王社長辦公室門口的時候，莫妍又有些怯場了。畢竟單獨面對決定著自己生死大權的大老闆，還是在有著諸多不良紀錄的前提下。為此，莫妍跑到洗手間做了一番心理準備，才敲響了王社長辦公室的大門。

「請進。」從裡面傳來王社長嚴肅的聲音，這讓莫妍剛剛建立起來的心理防線有一些塌陷。

「你好，王社長，我是編輯部的莫妍。」莫妍禮貌的開口道。

「噢，是妳啊，坐吧。妳交上來的檢討書我已經認真的看過了。看來對此次所犯的錯誤，妳已經有了深刻的理解。」王社長放下手裡的筆，看著莫妍說道。

說句實話，被一個大人物這樣盯著，莫妍的心跳有些加速。可還是強作鎮定的開口道：「是的，對於此次我所犯的錯誤而給報社帶來的諸多不便和影響，我感到非常抱歉。既然錯誤已經發生，說再多的話也都無益。不過今後

我一定會努力工作，用實際行動來彌補我這次的錯誤。」

「嗯，知錯就改是好事。妳剛大學畢業，對於社會上的這些人情世故不是很了解，以後多注意點就行。王主任說妳能力不錯，以後啊，做什麼事多用點心。」王社長語重心長的說。

「多謝王社長的教誨。以後一定會注意，絕不會讓此類的事情再次發生。」雖然王社長說的都是些場面話，但莫妍還是一副受教的樣子說道。但也明白，這次能夠順利的通過王社長這一關，平時面冷的王主任肯定替自己說了不少好話。

從王社長辦公室出來，莫妍重重的吐了一口氣。心想，這次所犯的錯誤，總算是就這樣過去了。還好自己的努力沒有白費，把自己在王社長和王虹心目中的壞形象給改善了過來。

知錯就改，善莫大焉。犯錯並不是一件事情的結束，反而是另一個開始。莫妍犯了錯誤後並沒有因此而自怨自艾，反而是利用寫檢討書的機會，積極的化解矛盾。

其實當下屬低下頭認錯時，上級反而不會把目光放在你所犯的錯誤上，反倒是你的認錯態度會讓他對你另眼相看，而你所犯的錯誤也會因為你的認錯而被縮小。因此，辦公室裡你可以犯錯，但是犯了錯誤後，一定要做好危機公關，這樣一來，危機反倒會成為轉機。否則，犯錯就真的會成為你職場生涯中的敗筆。

第 15 章　你專業之外的特長是什麼？

浪跡法則十五：專業能力是需要的，但你需要專業之外的一點特長。

在職場上，當你與周圍的人專業能力不相上下時，如何突破重圍，脫穎而出呢？我們需要另闢蹊徑，學一些專業之外的特長來提升自己的競爭力。

比如，有三個女孩同時競爭一個公關職位，可以說三個人能力不相上下，到底誰去誰留，讓招聘者一時難以決策，於是他提出了一個問題：「妳們能進入最後一輪競爭，可以說能力都很強，但我相信妳們一定有什麼突出之處，可否請妳們大概說一下。」

聽到這個問題，其中兩個面試者不知所措，因為這根本就與專業能力無關，而且她們也不知道該如何回答這個問題。可是另一個女孩遲疑了一下後，試探著問道：「請問能夠喝一瓶白酒算不算呢？」

招聘者聽了這個女孩的話，臉上立刻露出笑容，說道：「當然，做我們公關這一行的，酒量可是越大越好啊！」說完便讓她辦入職手續去了。自然，另外兩個人被淘汰了。

儘管每個人都不能憑藉酒量在職場上贏得主動權，但是專業之外的特長卻是需要的，這個特長可以讓你擁有展示自己的機會，可以讓你在關鍵時刻脫穎而出，成為主管眼中的「紅人」。

當然，特長更主要的還是需要你有意識的進行培養和鍛鍊。這種培養不能漫天撒網過於隨便，必須要有明確目標。如果今天去學小提琴，明天去跳芭蕾舞，後天又去臨摹王羲之，到頭來只會將自己變成一個「四不像」。

　　培養特長還需要根據自身特點，不能太過理想化。如果讓籃球選手去跳馬，讓體操選手去對抗 NBA 球員，那結果可想而知。所以，選擇適合自己的方向，四兩亦能撥千斤；而選擇不適合自己的，千斤未必能撥四兩。

　　當然了，你也可以對各行各業各種知識領域都有所了解，畢竟沒有上司會討厭員工具有豐富的知識。

［案例］

　　有人說，公司是個開會的國度。莫妍覺得王社長是這一說法的堅實維護者，三天兩頭的帶領小組會議不說，每月還有一次全體員工會議。莫妍很是佩服王社長，每次一個多小時的發言，卻無任何重複或者是學究的現象，而且當一份份的資料從投影機裡顯現出來的時候，可見其準備很是充分。她想要是讓自己講，別說是一小時了，就是十五分鐘都有問題。

　　這天，全部員工都已到場，王社長也在千呼萬喚中走了出來。可是等到會議開始的時候，發現投影機忽然故障了。幾個男同事圍過去，忙了半天也沒弄出個所以然來。於是打電話給維修公司，對方的回覆卻是半個小時內趕到。

　　怎麼辦，難道讓大家在這裡坐等維修員的到來？看著王社長的臉越來越黑，莫妍想了想說：「讓我來試試吧！」

　　莫妍剛說完，會議室裡所有人的眼神全部向她看了過來，有吃驚的，但更多的則是嘲諷，也是，讓一個文科出身的小女子去修電子類產品，怎麼看都覺得不可靠。不過王社長倒是沒有以貌看人，而是說：「好吧，妳來試試。」

第 15 章　你專業之外的特長是什麼？

　　因為莫妍有個痴迷於電腦的死黨，所以耳濡目染之下也學到了一些皮毛。大的問題可能沒把握，但是處理一些小問題還是綽綽有餘。恰巧，莫妍聽別人說過有關投影機如何修護的問題，於是仔細的檢查了一下，發現電腦系統有漏洞，可是漏洞修復好後仍然無法顯示圖像。而且沒有出現無信號的提示，這說明電腦的 VGA 正常，顯示模式正常，也都有輸出。排除了以上問題，莫妍想到可能是電腦和投影機的某一方面的相容性出了問題，經過檢測，果然如此，這是個小狀況，莫妍輕鬆的透過電腦的顯示配置器調配了數值，圖像順利的顯示出來了。會議室裡也隨即傳來驚嘆之聲。

　　莫妍卻並未因此而表現出任何得意之色，而是謙虛的說道：「社長，可以用了。」王社長讚許的點了點頭，開始開會。

　　等到散會時，王社長走到莫妍的面前說：「沒想到妳還是個電腦高手啊！今天真是多虧了妳，不然就要浪費大家的時間了。以後有妳這個兼職技術人員，大家就不用擔心電腦出問題了。」

　　「哪裡，我也只能處理一些小問題，出現大問題我也是束手無策啊！」莫妍表現得很謙虛，同時也給自己留了一條後路。

　　「嗯，不錯，妳這個年輕人很懂事，也很有上進心，是個不可多得的人才！」王社長鼓勵的說道。

　　「我以後一定會更加努力的！」莫妍表達了自己的決心。

　　這一次危機處理，讓莫妍在主管心目中的形象有了很大的改觀，同時，也讓自己在主管面前露了一次臉。更讓她感到高興的是，之後，莫妍成了王社長的專用電腦維修人員，每次他的電腦出了問題，都會找莫妍去檢查。

　　廣泛的知識，對你的職業發展和人際關係有很大的幫助。莫妍就是因為專業之外的特長而使自己在辦公室裡脫穎而出，成功的在主管面前露了一把臉，同時也為自己與主管搭上關係提供了一個平臺。

所以說，要想在職場上勝出，你不僅要專業能力突出，還應擁有一項專業能力之外的特長，這才是你與辦公室眾人拉開距離的籌碼。

第16章 圈子是需要的，但也很容易讓自己孤立

浪跡法則十六：職場需要圈子，但它也會縮小你的人際圈。

　　辦公室中總會出現這樣或者那樣的小圈子，而這些小圈子的確也有其迷人之處，它可以提供我們重要的社會支持。其中之一被學者們稱為「工具性社會支持」。小圈子中的人彼此熟悉，溝通良好，能互相提供協助，完成工作任務。另一種則被稱為「情感性社會支持」。工作上遇到挫折，小圈子中的夥伴會比家人更容易讀懂你的委屈，往往也更能提供安慰，減輕工作及生活所帶來的壓力。而且加入小圈子，讓自己有歸屬感，有安全感，想想辦事有人托著，說話有人幫著，幾個人同進同退，好不得意。

　　可是，圈子裡的你們此時已經使老闆感到不舒服了。因為老闆對小圈子總有不信任感，對小圈子裡的人，會有很多顧慮。他會認為小圈子裡的員工公私難分，如果提拔了圈內的某個人，而與之關係好的同事們可能會得到偏愛放縱，對公司的發展不利，對其他員工也不公平。而且，若老闆批評其中的某個員工或某個員工與其他同事發生衝突，這幾個人會聯合起來對付老闆，影響公司團結。同時加入小圈子也不利於你與其他同事發展關係。因為同一個部門的人，和這個明顯投機，和那個淡漠相處，本身就容易引起矛

盾，干擾工作；不同部門的就更讓人多心，甚至還會讓人懷疑，這個人總和別的部門的人來往，胳臂向外彎，說不定把部門內部的事全抖出來。

看來，辦公室裡的圈子可以讓你受益，但若處理不好卻也是最坑人的。最好的辦法是跟每一個同事保持友好的關係，盡量不要被人把你標為屬於哪個圈子的人，盡可能跟不同的人打交道，避免涉入辦公室政治或爭鬥，不搬弄是非，自能獲取別人的信任和好感。

［案例］

經過前次劉燕的指點，莫妍在辦公室裡的處境發生了變化。但也因此拉近了兩人之間的距離。莫妍在工作中遇到問題時就會主動向劉燕請教，而且休息、吃飯的時候，莫妍大都也和劉燕在一起。

這在辦公室眾人看來，莫妍和劉燕儼然成了一個小團體。當然，與劉燕拉近了關係，讓莫妍在工作中也得到了很大的益處。工作中遇到的問題，劉燕都會給予協助，也由於劉燕的關係，莫妍得到了幾個較好的選題。

可是一段時間後，劉燕由於工作原因去外地出差。這才讓莫妍感覺到自己被孤立起來了。劉燕出差第一天，莫妍在寫稿時遇到了一個問題，可是卻不知道該找誰去請教。休息時間，同事們也都聚在一起說說笑笑，可是莫妍站在那裡卻插不進去話，好不容易插進去一句話，熱鬧的場面立刻變得冷清下來。

其實莫妍插進去的話並沒有什麼不對，只是大家故意給她難堪，意在告訴她，這裡不歡迎她。這讓莫妍有些受傷，一整天看著別人說說笑笑，這讓她有種被丟棄的感覺。於是下班後，莫妍主動撥通了李楓的電話，約他一起吃飯。

接到莫妍的電話，李楓有些意外，畢竟兩人認識四年多，莫妍主動打電話給他的次數可是屈指可數。而且李楓也知道，莫妍是在有意避開自己。

第 16 章　圈子是需要的，但也很容易讓自己孤立

莫妍來到約定的餐廳時，李楓已經點了一大堆菜在等她。其實莫妍明白李楓對她有意思，可她也明白，李楓並不是自己想要的那種類型。所以這麼多年，誰都沒有主動去捅破那層紙，一直像個朋友相處著。

「快點，水都滾了，就等著妳下菜呢！」李楓站起身來，對迎面走來的莫妍淡淡的說道。

「水都滾了，你怎麼不先吃？」莫妍看了一眼已經沸了的火鍋問道。

「這不等妳一起吃嗎？」李楓帶著一臉的寵愛，一邊往鍋裡燙菜，一邊說道。

火鍋吃到一半的時候，李楓看見莫妍仍有些悶悶不樂，於是假裝捲起袖管，很生氣的說：「誰這麼大膽，敢惹妍妍生氣，看我怎麼收拾他。」

看到李楓的一副憤憤不平的樣子，莫妍噗哧笑了一聲，隨後便把自己今天在辦公室裡的遭遇說了一遍。

聽完莫妍的話，李楓一臉心疼的說：「傻丫頭，這才上班沒多長時間，妳就已經把自己弄到如此孤立的地步。我看妳的知名記者夢想可是路途艱辛啊！」

「哎，看來我只能在劉燕回來之前過一段孤獨的生活了。」莫妍的情緒有些低落。

「我看妳是要在劉燕回來之後繼續過一段時間的孤獨生活。」李楓不認同的說。

「為什麼？」莫妍一臉的不解。

「還問為什麼，難道妳不知道自己之所以被孤立，完全是因為自己與劉燕走得過近了嗎？」李楓一臉恨鐵不成鋼的說道。

「與劉燕走得過近，這跟我被孤立有什麼關係？」莫妍覺得自己被弄糊塗了。

「人都是很敏感的，而辦公室又是一個人際關係較複雜的地方，當妳與劉燕走得過近時，在妳看來或許沒什麼，但在別人看來卻是妳與劉燕已經成了一個圈子的人，而他恰好在這個圈子之外。人與人之間一旦形成了圈子，對立和競爭關係也就開始產生。就像動物一樣，牠們都有各自的領地，若是其他動物進入，就會受到攻擊，因此動物們一般都不會輕易的進入別人的領地。而圈子與領地相似，他們孤立妳也是很正常的事情。」看著莫妍若有所悟的表情，李楓繼續說，「因此，妳必須把自己擺在一個恰當的位置，這個位置不僅不會影響妳與劉燕之間的關係，同時也能讓妳與其他同事建立良好的關係。」

　　凡事必有因，李楓的一番話，讓莫妍找到了問題之所在。經過一番思考，莫妍決定去改變這種狀況。當然，莫妍並沒有急於擠入他們的圈子，而是抓住每一個機會，慢慢的融入進去。每當同事們站在一起說笑時，莫妍並不去插話，而是很認真的傾聽，然後適時的送去一個恰當的表情。沒過幾天，同事們說笑時開始徵詢莫妍的看法。等到劉燕出差回來時，莫妍也已扭轉了自己被孤立的局面。經過這一次莫妍也對自己與劉燕的關係有了一個準確的定位。她會向劉燕請教一些問題，但同時也會向其他同事請教。休息時間也會加入到同事們的討論圈裡去。

　　圈子只是一個符號，並不是一個烙印，千萬不能用它把自己的人際關係畫地設限。莫妍起初就是因為把自己圈定在了一個圈子裡，而使自己陷入了被孤立的境地。在經過李楓的指點後才找準了自己的位置，主動的融入到辦公室的大圈子中去，從而改變了自己尷尬的處境。

　　看來，一個人要想很好的發展，就不能為自己設限，那樣只會束縛住自己。而且現在的社會是一個綜合性的社會，單一的力量是不足以成事的，要知道強大的競爭力來自於各種力量的凝聚。

　　因此，你不能只走進一個圈子，而要進入到更多的圈子中去，然後把這一個個圈子連接起來，成為一個碩大的人脈網，如此你的事業發展才會更為順暢。

第 17 章　本想獨善其身，為何卻成為「炮灰」？

浪跡法則十七：明哲保身，獨善其身只是理想，站對位子才是明智之選。

拉幫結派在一定程度上雖然有益於自己在職場的發展，但是「一榮俱榮，一損俱損」的現象在職場也是常見，因此那些想加入派系的人總是暗中觀察，前後思量，慎重的選擇自己所要加入的派系。而有些人則覺得任何時候還是獨善其身的好，因為上下都不得罪，但是好處卻是兩邊都享。

可是地球上並沒有真正的「中立國」，辦公室裡也沒有可以明哲保身的人，只要身在辦公室，便是處在暴風圈中，沒有所謂的「颱風眼」可以容人藏身。也許，在辦公室的爭鬥遊戲中，很多人都抱著「清者自清、濁者自濁」的心態去看待辦公室政治，以為只要能獨善其身就可以遠離是非。

別天真了，看看那些想要明哲保身、圖個耳根清淨的上班族，最後有幾個真能逃脫辦公室裡的是非圈，有的甚至可能連工作都莫名其妙的丟了。

你要明白，辦公室作為一個團隊，是人的結合，每個人都有自己的優先順序和利害關係，你是其中的一員，如果不學會協調人與人之間的關係，懂得保護自己，也就別痴心妄想能平步青雲。

第 17 章　本想獨善其身，為何卻成為「炮灰」？

　　再說了，辦公室中還有諸多不成文、不言傳而又約定俗成的處事潛規則，你不能對此熟練的運用自如，就不能更好的保護自己，獨善其身的最終結果可能是你跌得滿身是傷。所以，別再聽到職場爭鬥，第一個反應就是避而遠之，不願捲入辦公室的爾虞我詐裡。而是要眼觀六路，耳聽八方，在辦公室爭戰中找到並站到一個可以護你周全的團隊裡。正所謂「押對牌贏一局，跟對人贏一生」。在職場上，我們常會看到一個條件可能不怎麼好的人獲得了成功，重要的原因就是他們跟對了人。

[案例]

　　正所謂「吃一塹，長一智」，上次的被孤立事件經莫妍的巧妙應對而有了很大的改善。但是編輯部裡新的問題又開始上演，雖然大家都沒有言明，但自從劉燕出差回來後，王虹與劉燕之間的競爭更為激烈，也從以往的幕後搬到了臺前。

　　而劉燕之所以敢以一個副編的身分與王虹較量，是因為她這次出差不僅爭取到了當紅明星獨家報導的資格，還把其他幾個藝人的報導也爭取了過來。任誰都知道這對報社意味著什麼。現在別說是王虹了，就是整個報社都沒有幾個人敢跟劉燕挑戰。再加上現今正是年關職位調整期，王虹和劉燕可是卯足了勁要較個上下。但是不管兩人再怎麼較勁，最後還是由辦公室裡的所有員工投票，依票數多少來定正副。

　　這天下班，劉燕發簡訊給莫妍，說自己團購了一張雙人餐券，馬上就要到期了，讓莫妍和她一起去。莫妍想現在正是辦公室政治變化的風雲時刻，一不小心就有可能會被拉下水，可是若直接拒絕劉燕的邀請，那不是擺明了自己與她對立嗎？猶豫再三，莫妍向劉燕回覆了訊息說自己還有一些事，會晚點趕過去。

　　其實莫妍之所以選擇赴劉燕的約，並不是選擇站在劉燕的一邊。而是經

過一番考量後，選擇保持中立。畢竟王虹與劉燕之間的戰爭剛開始，作為新人的莫妍對於雙方的實力都不是很清楚，而且她們是否擁有自己的底牌也不知曉。如果現在就輕易的做出選擇，那麼等到將來勝負定出時，如果自己選對了人那還好，即使沒有榮也不會對自己的工作有影響，但若選擇錯了人，那麼後果肯定不是她所樂見的。最為關鍵的是，今天劉燕約她吃飯這件事是透過簡訊發送的，而且自己也以有事為由，拒絕了和劉燕同行，這也在一定程度上避免了被其他同事看到會產生的一些不良影響。

吃飯過程中，劉燕好幾次都提到關於公司的事情，但莫妍都巧妙的避了開來。莫妍知道今天一旦把工作上的事深談下去，那自己勢必要選擇忠於劉燕還是忠於王虹。但自己對王虹和劉燕根本就不夠了解，別說是她們的底牌了，就連手裡有什麼爛牌都不知道。因此，莫妍抱著能推就推的心態全力的應付劉燕。

當然，劉燕看到莫妍的推託也收了手，她知道莫妍是在衡量她與王虹誰最後能勝出，但這也意味著莫妍不可能完全對自己忠心，而且也不排除莫妍已經站到王虹那邊的可能性。因此，這場鴻門宴，劉燕不是完全沒有收穫，至少她知道莫妍是敵人還是戰友了。

等到第二天上班，莫妍也被請進了王虹的辦公室，儘管這次王虹仍然針對莫妍的稿子，但是卻意外的稱讚她進步了不少，而且稿子上被圈出來的地方少了很多。當然了，王虹對莫妍的稱讚完全是有目的的，她先投過去一塊糖，然後開口問道：「莫妍，妳來我們報社也不少時間了，對於這次我和劉燕之間的競爭，妳是怎麼看待的？」

聽到王虹的話，莫妍知道王虹是要自己表態，於是便小心翼翼的開口道：「王主任，我怎麼能有什麼看法，雖然我來編輯室一段時間了，但都忙著向大家學習如何做一個好編輯。我覺得在這個問題上，辦公室裡的任何一員

第 17 章　本想獨善其身，為何卻成為「炮灰」？

都比我更有發言權。」

　　莫妍的一番話算是把自己置身到了競爭圈外。但她不知道的是，整個辦公室，王虹和劉燕都早已經培養起自己的人脈圈，誰會投誰的票，心裡已經有了數。但現在最關鍵的問題是，李娜和莫妍這兩個新來的員工到底會站在誰的一邊。這將直接影響到最後的輸贏。不過莫妍這模稜兩可的話，不免讓王虹產生她已經被劉燕收買的想法。

　　從王虹辦公室出來，莫妍還為自己終於避開了王虹與劉燕的競爭而沾沾自喜，卻不知自己不僅沒有避開她們之間的競爭，反而把她自己推到了劉燕和王虹的眼中釘的位置。

　　於是在接下來的幾天時間裡，王虹不僅時時對自己找麻煩，而且劉燕對莫妍的態度也明顯發生了改變。這一系列的變化，使莫妍意識到事態的發展並非如自己想像的那般順利，反而朝相反的方向發展。這也使莫妍明白，自己如若繼續保持中立，那麼她在辦公室的處境會變得更為糟糕。而且不管最後是王虹勝出還是劉燕勝出，自己都不得善終。於是，莫妍開始打探王虹與劉燕的老底，當然了，這些問題問辦公室裡的大嘴巴李穎準沒錯，而李穎也不負她所望，告訴莫妍說：「王虹他舅是我們市的市長。」這使莫妍清楚了自己該站哪一邊了。

　　於是莫妍拿著新編的稿子，主動找到了王虹說：「王主任，我這期的稿子已經編完了，妳幫我看看有什麼要改動的地方。」

　　「怎麼，我一個編輯室主任難道只是為了幫妳改稿子？」王虹涼涼的開口說道。

　　「怎麼可能呢！我這不是因為王主任妳在整個辦公室能力最強，才想在妳手下多學點，以後妳可千萬別嫌棄。」

　　聽到莫妍的話，王虹的臉色有了緩和，而她也聽出了莫妍的弦外之音，

於是笑著說道：「其實我很看好妳的，不然自己的工作都忙不完，誰還有那個閒工夫幫你們看稿子。所以千萬別讓我失望。」

「我一定會好好努力的。」莫妍急忙應和道。

隔天，王虹與劉燕的職位任命書便發了下來。王虹仍舊擔任編輯室主任一職，劉燕擔任副主任。一番職位之爭也算是就此告一段落。莫妍也因為最終選擇站在了王虹一邊，使自己從夾在中間的炮灰一族跨入了一個新的人際圈。

「良禽擇木而棲，賢臣擇主而事。」這句話的意思是說，好鳥找好樹做窩，有德之臣輔佐有德的君主。可見，一個人的才華只有在適當的場合，適當的環境中才能得以施展。而對於身處職場的我們，不僅要選擇一個良君，更要選擇一個有益於自己發展的圈子。因為一個人不可能孤立的生活在社會上，一個職場人士也不可能孤立的矗立在職場上，不喜歡或者不加入職場圈子的人，最終的結果只能是被職場遺棄。

莫妍在推開了王虹與劉燕的拉攏之後，雖然本意是要獨善其身，可為何成為雙方的眼中釘。關鍵在於保持中立是一個未知值，可等到必須做出選擇的時候，那個潛在的未知值會影響到最後的結果。因此，為了消除這個潛在的未知值對最終結果的影響，最好的辦法是在他還未產生影響的時候便把他消除掉。

所以在辦公室保持中立的想法沒有錯，但為了避免自己成為雙方的炮灰，還是選擇一個最穩靠的圈子站進去的好。

第18章　祕密還是藏在心裡的好

浪跡法則十八：同事之間，即使感情再好，也不要隨便談及自己的祕密，否則一旦因利益而產生紛爭，這就很可能成為對方攻擊你的武器。

如果自己都不能守住祕密，怎能要求別人幫你守好祕密呢？每個人都有屬於自己的空間，有時候，人要學會保守自己的祕密，尤其是身處職場的你，更應學會保守自己的祕密。這不僅是對自己的一種保護，更是一種做人負責的表現。

既然祕密是自己的，無論如何也不能對同事講。你不講，保住屬於自己的隱私，沒有什麼壞處；如果你告訴了別人，情況就不一樣了。因為你的祕密一旦被別有用心的人知道，就有可能成為他攻擊你的武器。他也許不在公司傳播，但會在關鍵時刻，拿出你的祕密攻擊你，使你在競爭中落馬，而且個人祕密之所以為祕密，往往很多是不體面、不光彩的。若這個把柄被人利用，就會大大削弱你的競爭力。

職場是一個競爭殘酷的場合，什麼話能說，什麼話可信，什麼話不可信，都要在腦子裡多繞幾個彎。害人之心不可有，防人之心不可無。任何一個祕密只要一公開就會長出翅膀，漫天飛舞。今天你可能是與人交心的朋友，但是明天你可能就會淪為祕密的犧牲品。

當然了，只要有人的地方，就會有謠言和是非。而你不幸成為謠言的主角時，最好的策略是置之不理，持清者自清的態度。任由別人傳播不加解釋，時間久了，傳播流言蜚語的人就沒有興趣了，自然就平息了謠言風波。而你如果急於辯解，以此來證明自己的清白，不但不會求得大家的相信，反而會讓他們覺得真有其事，如此一來，反而為謠言提供了有力的證據。那麼具體該如何做呢？

第一，不要介入是非圈子。你所在的圈子就那麼小，任何的是非話、閒言碎語遲早會傳到對方那裡。

第二，假如你真的在偶然中得知了上司的祕密，千萬不能對任何同事講。記住，沒有同事會真的替你保守祕密。要明白，保守了上司一個祕密，你就少了一次受傷害的可能。

第三，如果自己成為謠言的受害者，一定要保持冷靜。與工作有關的謠言，可以在一定的場合裡當眾予以澄清。與個人有關的，最好不予理睬。不予理睬是最好的辦法，泰然處之，光明磊落，任何謠言都會隨風而去。

「辦公室政治」中的刀光劍影有時候是無法捕捉的，保守祕密和面對謠言只是其中一例，還有更多的問題要勇敢面對。所以，你必須小心謹慎，步步為營。

[案例]

辦公室裡的職位之爭已是塵埃落定，雖然沒有讓每一個人都如願，但人生就是這樣，若能人人事事都如意，那就不是生活了。

本來，莫妍在選擇支持王虹的時候，就已經做好了面對劉燕冷臉或冷嘲熱諷的準備。但讓莫妍意外的是，劉燕對待她的態度卻像是什麼事都沒發生一樣，還是像往常一樣，中午的時候會一起吃飯，休息時間還會送上一些關懷。起初莫妍心裡還有些不踏實，但這事又不好跟劉燕道歉。於是就這樣，

在不安和不理解中度過了每一天。

很快的，劉燕往常如一的態度讓莫妍徹底放了心，還在心底佩服劉燕大度。可讓她怎麼也想不到的是，劉燕並非那般大度，她只是維持原狀讓莫妍放鬆警戒，然後再來一個大反撲。

那天跟劉燕一起去吃飯，轉來轉去，最後選擇了一家火鍋店。兩人正吃得開心時，劉燕突然來了一句：「對了，莫妍，妳是不是跟李楓認識啊？那天好像看見你們兩人在吃火鍋。」

莫妍心想，可能是那天跟李楓吃火鍋的時候被她看見了，既然劉燕已經點明了，如果再否認就有些說不過去了。於是敷衍道：「嗯，算是吧，他是我學長。那天逛街的時候碰到了，便一起吃了頓飯。今天這個魚丸挺好吃的。妳嘗一下。」

莫妍夾了一個魚丸放到劉燕盤子裡，想著要錯開話題。但劉燕顯然沒有放過莫妍的意思，半開玩笑道：「是嗎，但我怎麼覺得你們的關係並不像學長學妹那麼簡單。」

「什麼啊，妳可別亂說。」莫妍開口否定道。

「哼，我可沒胡說。那天我看見他自己沒怎麼吃，卻一直忙著幫妳夾菜。而且他看妳的眼神也並非是一個普通男人看一個女人所應有的眼神。所以別再騙我了。既然被我撞見了，妳就老實招來吧。」劉燕用曖昧的眼神看著莫妍道。

莫妍明白，今天若是不把事情說清楚，劉燕一定不會善罷甘休，再說自己與李楓之間真的沒什麼，於是便開口解釋道：「上大學時我們都在學生會，所以接觸比較多一些，但我們一直以朋友相待，可沒妳想的那一層關係。再說人家可是出身名門，我可不敢高攀。」

「切，都什麼年代了，還講究門當戶對呢！人家個個都想著怎麼攀上個

有錢人，妳倒好，有個有錢人擺在面前，妳卻愣是不理。我可真為李楓叫屈啊！妳說人家要才有才，要貌有貌，要地位有地位，怎麼就喜歡上妳這個死腦筋呢！」

聽到劉燕這麼說，莫妍急忙辯解道：「我沒說李楓喜歡我啊！」

「大姐，我們都有眼睛好不好，我想不是個瞎子都能看得出來，李楓這個大才子早已倒在了妳的石榴裙下了。只有妳不懂得把握這個機會，還傻呼呼的說什麼門當戶對。」劉燕一副恨鐵不成鋼的樣子說道。

既然劉燕這麼說了，莫妍知道自己再多說什麼都已無用。於是便開口道：「妳說的對，李楓以前是追過我。可是我知道他不是我想找的那一半。或許妳覺得我過於天真，可是我知道，如果因為一些外在的東西而選擇一個不愛的人，那不僅是對自己人生的不負責任，對李楓也是一種欺騙。即使我們在一起，也不會有什麼幸福可言。」

「呵呵，平時一副傻傻的樣子，沒想到在感情方面卻看得這麼透澈。看來還是我太膚淺了。」劉燕一副深有感觸的樣子。

「哪有，要是妳膚淺，我可就真的要回去做山頂洞人了。」莫妍說完，伸出兩隻胳臂，做了一個人猿笨拙的動作，兩個人便笑了起來。

報社裡沒有人知道自己與李楓的關係，雖然是在很不情願的情況下講出了實情，但莫妍還是有些擔心同事們知道了，會說她是靠關係才進到報社。可是又想想，劉燕並不是一個大嘴巴的人，而自己也真的是憑實力，也就釋懷了。

可是讓莫妍沒想到的是，劉燕之所以會問她與李楓的關係，完全是早就布好的一個局。沒過幾天，莫妍就覺得辦公室裡眾人看自己的眼神有些怪。為此還刻意跑到廁所去檢查是否是吃東西的時候有什麼東西沾臉上沒弄掉，結果在洗手間卻聽到自己的流言蜚語。

第 18 章　祕密還是藏在心裡的好

「哼，莫妍平時看著還挺正直的一個人，沒想到會這麼虛榮。」A 女的聲音傳來。

「人不可貌相，現今這世道啊，靠身體上位的難道還少嗎，所以沒什麼可大驚小怪的。不過，我們可以提前跟她打好革命友情，這樣一來，等到她上位了，我們也許會沾點光，改善一下悲苦的上班族生活。」B 女好心的建議道。

「切，要去妳去，我即使累死，也好過去給一隻雞拜年。」A 女表明了自己堅定的立場。

「好吧，我也只是說說而已。不過，同為女人，妳說李楓看上她什麼了，按理說，我們報社比她漂亮的可不少。」B 女擺了個迷人的 pose，明顯是在說自己漂亮。

「要不妳也學學她來個投懷送抱，說不定哪天我還能沾點妳的光。」A 女積極的建議道。

聽到這裡，莫妍大概已經明白，為什麼同事們看她的眼神有些不一樣，看來大家都已知道了她與李楓認識，而這件事前幾天自己才剛跟劉燕說過，但顯然故事的版本有所改編。而且在這個版本裡，莫妍成了一個依靠身體換得工作的壞女人。

莫妍氣憤極了，扭頭就向劉燕的辦公桌方向衝去。可是，在跨進編輯室大門的時候，她又冷靜了下來。心想，自己與李楓的關係只有劉燕知道，劉燕今天既然把自己與李楓的關係添酒加醋的傳得整個報社都沸沸揚揚，顯然是已做好對策。自己現在若是就這麼衝過去，或許正中了她的下懷，不但事情解釋不清楚，還會越抹越黑。這麼一想，莫妍沒有急於去解釋，而是坐到辦公桌前認真工作起來。對於同事們放低了聲音，但有意讓她聽到的對話，莫妍卻假裝沒聽見一般。等到快下班的時候，李穎靠過來，問道：「莫妍，聽

說妳跟李楓認識。」

聽到李穎這麼問，莫妍覺得這時候若再說不認識，那個靠身體得到工作的流言可就真的會被大家認為是事實。所以莫妍開口道：「嗯，他是我大學時期的學長。」

聽到莫妍毫不避諱的承認，李穎有些八卦的問道：「那你們現在可有聯絡？」

「有啊，前幾天還一起吃了頓火鍋。怎麼，不會是妳看上了他，讓我幫妳拉紅線吧！」莫妍假裝用曖昧的眼神看著李穎說。

「幫我牽紅線，妳捨得嗎？」李穎的語氣裡帶著明顯的不相信。

「我有什麼捨得不捨得的。說句實話，妳尚在單身，而我學長要人才有人才，要相貌有相貌，實在是個不可多得的好男人。妳可以考慮讓他來終結妳的單身生活。」莫妍極力的向李穎推銷李楓，一方面是為了間接的澄清自己與李楓的關係，另一方面借用李穎的大嘴巴來擺脫現今的尷尬局面。

「既然是好男人，那妳為什麼不跟他湊一對？」李穎試探性的問道。

「哎，他是好男人沒錯，可問題是我對他根本就不來電。」莫妍有些無奈的說。

「都說日久生情，難道你們之間就真的沒有生出一點點情來？」李穎仍不死心的問道。

「生了啊。他現在可是我的好兄弟，所以如果妳喜歡他的話，我可以在他面前替妳美言兩句，說不定，以後我還得喊妳一聲大嫂呢！」莫妍調侃著李穎。

「什麼嘛，還大嫂呢，難道妳在辦公室裡沒聽到一點點風聲？」李穎看著莫妍完全一無所知的樣子，有些著急的問道。

「什麼風聲，我今天忙著編稿還真沒注意辦公室裡有什麼風聲。」莫妍假

裝一副很八卦的樣子問道。

　　看著莫妍完全無所知的表情，李穎便把今天辦公室所傳的話向莫妍說了一遍，看著莫妍的嘴越張越大，一臉的不敢相信，看著莫妍的變化，李穎感覺真相與傳言可能大有出入，而莫妍聽完後一邊抱著肚子，一邊大笑道：「什麼，妳說我和李楓是情人關係。這怎麼可能，這是誰告訴你們的，他可真是太有才了，居然還說我是靠身體得到工作，若真是那樣，我怎麼樣也該弄個一官半職的，怎麼還像隻牛似的奮鬥在最底層。」

　　莫妍的一番話算是把謠言徹底推翻了，而且莫妍的工作成績放在那裡。現在任誰也明白，沒人傻得利用自己的身體只做一個小職員，而且是自身實力比較強的人。於是，謠言便不攻自破了，而經過這件事，莫妍儼然在同事們的心目中，成了一個不靠任何關係，努力奮進的年輕人。

　　自己都管不住自己的嘴，怎麼能要求別人幫你保守祕密呢。莫妍就是因為過於相信劉燕，才把自己與李楓的關係說了出來，卻不想劉燕不但洩露了這個祕密，還對此添酒加醋，使得事情變得更為糟糕。

　　其實，任何祕密只要你告訴了一個人，它勢必會如同長了翅膀的小鳥到處亂飛，所以杜絕祕密被外洩的最好辦法就是從源頭上封死，你自己若不說，那麼它就永遠是祕密，一個永不被人所知的祕密。

　　當然了，祕密一旦被洩露了，也不要急著去澄清或者是說明，而是要多一點淡定，靜待著讓時間去遺忘。如果你急於澄清，反而會越抹越黑，那你就真的是跳進了黃河也洗不清了。所以，請關好自己的嘴巴，讓任何祕密都別從你嘴裡飛出去，這樣你才能避免被謠言所傷。

第 19 章　工作時間拒絕私人電話

浪跡法則十九：上班時間最好別打私人電話，否則因此而惹惱了
上司，可不是鬧著玩的。

上班時間該不該打私人電話。按理說，工作時間一般是不應該接私人電話的。但是真要這樣做，實屬困難。因為每個打進來的電話都會自稱是非常重要的，但除了當事人，誰都無法分辨真假。如若一概不接進來，萬一真有急事，那可就糟了，而且公司這樣做，也顯得很不人道。

因此，對於上班時間的私人電話，上司不好管理，全憑大家的自覺。可是有些人卻不那麼自覺，從上班開始，就會不斷的有電話打進來，聊的也都是一些私人小事，自己的工作擱在一邊不說，還影響了附近同事的正常工作。而且辦公室出現這種現象，大家也都不好說什麼。如果誰開口阻止，則會引起對方的不快，影響同事之間的關係；但若不管不問，勢必會使大家的工作效率下降。

而對於被阻止的一方，即使同事們的用詞和語氣再溫和，也勢必會有臉上掛不住的尷尬。因此，為了不對他人造成困擾，也為了避免這種尷尬，在工作時間請盡可能的拒絕私人電話。

再說了，上班時間打私人電話，也不是一個上進的下屬應該有的行為，有哪個主管能賞識一個在一天的工作時間老是因為私人電話而中斷工作的員

工呢？而且，在上司的眼裡，上班時間打私人電話的員工，也一定會在上班時間內做其他的事。所以，請在下班時間或者是休息時間打私人電話，而在休息時間打電話，也應該三言兩語盡快了事。

[案例]

　　為了不讓自己成為剩女一族，前段時間的李穎忙著四處相親，決定在二十七歲來臨之前把自己嫁出去。那段時間每到休息時間，大家都圍著李穎詢問關於相親的進展，就在前幾天，李穎高調的宣布自己找到了心動的目標。

　　對方在一家銀行工作，家境不錯，老爸是某地區的政治人物，老媽是某醫院的護士長，不過均已退休。上面還有個姊姊在政府部門工作。家裡有三間房產，存款猜測少不到哪裡去。這年頭，拚的就是家庭背景，因此，當李穎把對方的身家告訴同事們時，大家都說李穎眼光好，釣了個金龜婿。更為重要的是，對方很喜歡李穎，這一點可以從每半個小時一通電話看得出來。

　　不過這每半個小時的一通電話可把大家給害慘了。聽著李穎肉麻的情話，發嗲的語調，別說是專心工作了，雞皮疙瘩都起了一身。可是有什麼辦法呢，總不能要求李穎停止去追求自己幸福的生活吧！而且誰也不願意去做那個棒打鴛鴦的「出頭鳥」，所以大家在痛苦中忍耐著。當然了，李穎的談情說愛，造成的直接後果便是辦公室裡加班的人數增多了，而李穎由於把時間大多花費在談情說愛上，工作自然沒能按時完成，於是便威逼利誘的推給了大家。

　　對此，大家雖不好明說，但還是透過眼神、咳嗽等小動作表示了不滿，但李穎卻仍無任何收斂的跡象。不過，在李穎半個月的電話的折磨下，有人終於忍受不了了。這天，當李穎的第六個半小時電話再次打進來時，老杜站起來說道：「李穎，請妳到外面去接行嗎？」

聽到老杜的話，李穎只是轉過身看了一眼，像是沒聽見一般，按下了接聽鍵，又開始肉麻起來。李穎一臉蔑視的表情，把忍半個月的老杜徹底激怒了，她走到李穎辦公桌前說：「請妳去外面接，別影響大家工作。」

正說著情話的李穎看到老杜一臉不友善的表情，在電話裡說了幾句好話便掛了。老杜看她掛了電話，便準備回自己的辦公桌辦公，可誰知剛轉身，李穎涼涼的說道：「真是吃飽了撐得慌，別人都沒說什麼，就妳多事。別多做了幾年就把自己當成了主管。」

聽到李穎的話，老杜剛壓下去的火氣又開始往上冒，於是反擊道：「是，我是吃飽了撐著，但也總比有些人貼了個好對象，就不把別人放在眼裡的強，再說了八字還沒一撇，張揚什麼呢！」

「怎麼，妳見不得別人比妳好是吧。那妳要是有本事，也找一個給我們看看啊！」李穎自身家庭環境一般，老爸退休後在街上賣水，老媽在清潔公司工作。老杜的話剛好戳準了她的痛處。

就這樣，你一句我一句，兩個人越吵越凶，驚動了整個辦公室不說，甚至鬧得整個報社都知道了。於是，老杜和李穎被請進了社長辦公室。等到兩人出來的時候，老杜還好，可是李穎的臉卻難看得要命。

後來，也不知道是誰打探來的消息，說王社長把李穎罵了個狗血淋頭，而且很少到編輯部的王社長居然對李穎上班時間聊天，甚至用報社電話接打私人電話的事也知道得一清二楚，這讓李穎在王社長面前是啞口無言。最後的結果是：李穎不僅挨了一個小時的罵，接受了黃牌警告，還因此而扣除了年終獎金。

經過李穎這件事，辦公室裡的每一個人都開始變得小心謹慎，因為大家認知到王社長之所以對李穎的假公濟私瞭若指掌，肯定是身邊有一個潛伏者。經過這件事，莫妍明白了，上班時間，一定要認真工作。因為，無論上

司在與否，辦公室肯定有眼線存在。

　　戀愛是甜蜜的，戀愛中的男女是一分鐘不見，如隔三秋，下班後的那點時間根本無法解除他們的相思之苦，可是為了生活又不得不工作。於是，人在辦公室，心在戀愛，是許多戀愛中男女常見的現象。當然，上班時間的親密通話也是每日的必修課。

　　可是老闆付給你薪水，你就要付出相應的勞動，上班時間就要認真工作。如果你在上班時間打電話談戀愛，那麼無論你的上司多麼的大度無私，他也會做一個壞心腸的「王母娘娘」來個棒打鴛鴦。如果你談了一場戀愛卻失去一份工作，這怎麼說都是不划算的事情。

　　李穎戀愛了，這本是應該得到祝福的一件事。可是由於她在上班時間打電話聊天，影響了同事們的工作，這使得她與同事之間產生了衝突。再加上她還用辦公室電話來接打私人電話，結果便宜沒占到，年終獎金因此而泡湯。

　　可見，在辦公室接打一兩個私人電話，主管和同事都不會說什麼，畢竟誰都有遇到急事的時候，可是，你的私人打話三天兩頭的打進打出，那你就有必要和你的親朋好友，以及家人們事先聲明：上班時間沒有急事就別打電話。否則，與朋友的感情是聯絡上了，家庭裡瑣碎小事是處理掉了，可卻因此而失了工作，那你就後悔去吧！

第 20 章　分享祕密也是有風險的

浪跡法則二十：知曉祕密也有一定的風險，一旦祕密洩露，那你
就是被懷疑的對象。

西方有一句諺語：「Curiosity killed the cat」，告誡人們不要太好奇，
如果直譯，就是「好奇心殺死貓」。可是很多情況下，人們都很難克制自己的
好奇心。

就像許多人都大力提倡尊重別人的祕密，也極討厭別人探聽自己的祕
密。可是一旦知曉別人藏有祕密，就按捺不住那顆蠢蠢欲動的心，開始挖空
心思的探聽，想盡辦法的求證。人的求知精神在這一刻得到了很好的展現。

可是，知曉祕密就要承擔一定的風險，尤其是在競爭激烈的職場。因為
祕密一旦見光，箭頭自然會直指那些知曉祕密的人。對方會覺得你這個人沒
有信譽，是你的大嘴巴使他陷入了尷尬的局面。到這時候，就真的是好奇心
害死「貓」了。

所以，在職場上，不僅你的祕密不能說。而且還要克制住自己那顆不安
分的好奇心，做到別人的祕密能不聽盡量別聽，去打探的心思更不能有。當
然了，如果是別人因為信任你，而向你透露了他的祕密，那你就要對得起他
的信任，替他守好祕密。

當然了，你替別人守好了祕密，但祕密還是像長了翅膀的小鳥滿天飛。

第 20 章　分享祕密也是有風險的

儘管你很無辜，但你還是得承擔被懷疑的罪名，要怪也只能怪你知曉了別人的祕密。

［案例］

自從李穎在上班時間打電話被罵後，李穎再也沒有在上班時間打過電話，而她的戀情發展得如何，大家也都沒有過多的關注。畢竟自己的事都有一大堆，誰還有多餘的閒情去關注別人過得怎麼樣呢。

不過，這天快下班的時候，莫妍收到李穎發過來的一則簡訊，說是下班後在公司後面的小公園門口見，有要事相商。

說句實話，李穎與莫妍平時雖然相處得不錯，但也論不上什麼深交。而所謂的要事到底是什麼，莫妍真有些丈二金剛摸不著頭腦。不過還是如約來到了小公園。

「李穎，到底是怎麼回事？」莫妍看著李穎有些焦急的樣子，開口問道。

「我懷孕了。」李穎吞吞吐吐的說出了幾個字，卻把莫妍震得不輕。雖說現今已是開放的 21 世紀，性也被人們從幕後搬到了臺前，可是未婚生子還是讓人有些接受不了。

「那麼妳決定怎麼辦？」莫妍想了半天卻只憋出這麼一句話來。

「我也不知道該怎麼辦。」李穎帶著哭腔說道。

看著李穎一副天塌下來的表情，莫妍覺得事情有些嚴重，於是小心的問道：「這件事，孩子的父親知道嗎？」

「我還沒有告訴他。」

「為什麼？」莫妍直覺的問出了這一句。

「我們在一起後，他一次都沒有跟我提過關於結婚的話題。而且他的父母也不怎麼喜歡我。」李穎說話的聲音越來越小。

「那妳是想留下這個孩子還是？」後面的話莫妍沒有說得出口，怎麼說這

也是一個生命，如果就這樣扼殺了，確實有些過於殘忍。

「我想留下這個孩子，他是家裡的獨子，也許有了這個孩子，他的父母就會接受我。」李穎如實的說出了自己心裡的想法。

莫妍看得出來，李穎是愛那個男人的，不然她也不會如現在這般痛苦了。可是，不管是以孩子為要脅，還是什麼，李穎應該馬上結婚，或者訂婚，不然等到肚子一天天大起來，那可不是鬧著玩的。於是，莫妍便安慰了她許久，要她先照顧好自己的身體，畢竟現在可不是一個人了，而且還要儘早向對方說明懷孕的事情。

可是不知是誰走漏了消息，李穎懷孕的事情一下子在辦公室裡傳開了。而李穎看莫妍的眼神裡則多了責備。顯然，在李穎看來是莫妍不守信用，把她懷孕的事情給說了出去，畢竟自己懷孕的事情她只告訴了莫妍。

看著李穎一副恨不得吃了自己的表情，莫妍真是有些哭笑不得，她很確信自己沒有向任何人說過關於李穎懷孕的事情，可現在的問題是，知道這件事的就只有她和李穎，李穎顯然不會拿自己開玩笑，那麼現在唯一的嫌疑人就是她了。現在她可真的是有口難辯啊。那麼問題到底出在哪裡呢？

這天中午，辦公室裡只有李穎和莫妍兩個人，莫妍走到李穎桌前，想說些什麼，可是看著李穎一臉後悔看錯了人的表情，她又不知道該如何開口。正巧在這時，老杜從外面走了進來，看著尷尬的兩人說道：「哎，妳們兩個人怎麼沒下去吃飯。尤其是李穎，妳現在可是有身孕的人了，飲食上一定要注意。」

「謝謝，以後我會多加注意的。」李穎有些尷尬的道謝。

「噢，對了，聽說懷孕期間要一直補充葉酸，孩子長大了會更聰明。不過現在世面上假藥多，妳還是到正規的大醫院裡買比較放心。」老杜看似無意的囑咐道。

　　但聽到葉酸兩個字，李穎和莫妍明顯的愣了一下，但也隨即明白過來老杜的意思。李穎遞給莫妍一個抱歉的眼神，莫妍笑了笑，說道：「這方面杜老師是過來人了，所以李穎以後有這方面的問題可以直接請教杜老師。」

　　「那以後還請杜老師別嫌我煩的好。」李穎幾日來的怒火散了去。雖然李穎沒有向莫妍明著道歉，但是莫妍卻並不在意，因為事實的真相比什麼都重要。

　　聽別人講故事是一件很棒的事情，但是故事一旦上升到了真人真事，而你是唯一的知情人時，那麼你就會擔有一定的祕密風險值。因為任何一個疏忽，都有可能使得祕密外洩，而此時，對方的懷疑矛頭就會直接指向你。如果你能找到祕密外洩與你無關的證據還好，但若你沒有什麼能證明自己是清白的，那麼這個黑鍋你是背定了。

　　莫妍聽了李穎的祕密，本以為自己只要嚴守好自己的嘴，那麼就不會有什麼問題，卻不曾想李穎吃完後沒有收起來的葉酸洩露了她的祕密，結果鬧得整個辦公室沸沸揚揚。而莫妍作為知情人，不得不背上大嘴巴的罪名。可見，任何祕密一旦搬到了辦公室，都勢必會影響同事之間的關係。

　　因此，在辦公室裡，自己的祕密要閉口不提，對於別人的祕密則是能不聽就不聽。如果知曉了別人的祕密，就一定要守住自己的嘴，這樣一來，即使是事出意外，你也能做到問心無愧。

第 21 章　工作中吃點虧沒什麼大不了

　　浪跡法則二十一：吃虧是隱形投資，它的收益不是一下子就可以顯現出來。但過分注重眼前的利益，往往會撿了芝麻，丟了西瓜。

　　在職場上，利益就是自己的生存之本，無利可圖，誰還會這麼累的在職場鉤心鬥角呢？如果真的無利可圖，那麼職場很快就會不存在了。

　　也就是說，在職場上沒有人想吃虧，更沒有人想永遠吃虧。可是想在職場混，如果你足夠強大，那你根本不用吃虧，但如果你還不夠強大，那就把吃虧當作享福。

　　古人說：「塞翁失馬，焉知非福。」人生路途是很漫長的，從眼前的分析來看，或許所有的努力都是徒勞無功，甚至是「瞎忙碌」，但日後說不定就會有意外的收穫。相反的，眼前看起來很光豔耀眼的事，或許很快就會變成食之無味、棄之可惜的「雞肋」。

　　如果你認為去做別人不願做的事就會吃虧，因而與其他人一樣的排斥這個工作，那你就和其他人一樣，永遠也不可能脫穎而出。如果你能夠主動接受別人所不願意接受的工作，並能夠從中體會到無窮的樂趣，你就能夠克服困難，達到他人無法達到的境界，獲得他人永遠得不到的豐厚回報。

　　身在職場，我們在做事看問題的時候一定要有長遠的眼光，要有吃虧的

第 21 章　工作中吃點虧沒什麼大不了

精神，要不怕吃虧。切記：沒有人會願意和一個斤斤計較的人做朋友，也沒有人會願意和一個唯利是圖的人合作共事。害怕吃虧的人往往會吃大虧，而對於不怕吃虧的低調者來講，吃虧就是占便宜，主動吃虧往往能夠使你在不如意的時候，找到一飛衝天的機會。

　　吃虧，雖然意味著捨棄和犧牲，但卻是一種高尚的品質，一種做人的風度。身在職場，在與人合作或為人處世時，我們需要有點吃虧的精神。也許，短期內看來你是吃虧了，但你最終卻能夠收穫更多。如果你什麼事情都不肯吃虧，總愛斤斤計較、占便宜沒完沒了的話，就會使人看不起你，更不會有人願意與你來往、和你共事，你就會因為自己的目光短淺而失去更多。也許從表面上看來，你並沒有吃虧，但是你卻會因一時的小氣而使自己失去更多更大的發展機會。

　　身在職場，讓步、吃虧是一種必要的投資，更是我們打造良好人際關係的必要前提。因此，在職場中為人處世時，我們一定要勇於吃虧。只有你懂得了「吃虧是福」的人生道理，你的人生才會有真正的轉機，你的幸福之門才會在你不斷的吃虧中得到開啟。

　　一個害怕吃虧的人，往往會在斤斤計較中喪失更多走向成功的資源，因小失大；而一個懂得主動吃虧的人，往往會在吃虧中收穫「厚積薄發」的資本。主動吃虧的人會為自己減少很多職場中的是非，使自己的職場之路越走越寬；而一點虧都不想吃的人，只會使自己的路越走越窄。吃虧是福，這是一種人生的境界，更是一種低調做人的智慧。

［案例］

　　報社每年都會給編輯部兩個參加培訓進修的名額。這種自己不掏腰包，可以免費提升自己的機會自然是大家都搶著去。再加上這次去培訓的地方是大城市，那可是人人都想去的地方，若不抓住這次進修的機會，那以後去可

是要自己掏腰包的。因此，辦公室裡的每個人都寫了申請表交上去。

　　沒幾個小時，王虹又傳出話來，說社裡研究決定，這次的培訓機會名額從未參加過培訓的員工中選出。這個消息一發出，辦公室裡大部分人的美夢破碎了。反倒是自認為沒什麼機會的莫妍卻成了最有希望的一員。

　　原來，編輯室裡大部分人都參加過培訓，只有莫妍、李娜和劉燕三個沒參加過任何培訓。三人之中到底哪兩個去，報社還沒有做出最後的決定。但王虹和王社長分別找了她們三人進行了談話，莫妍和李娜是報社裡年輕的新一代，希望她們能把握住這次培訓機會，為報社更好的服務。

　　但是，莫妍也從和劉燕的聊天中得知，劉燕很想參加這次培訓。因為劉燕今年已經三十二了，可是為了工作一直沒要孩子，但也因此沒少讓婆婆嘮叨，老公也為此事和她沒少吵嘴。劉燕說一旦有了孩子，以後要是想參加此類的培訓根本就脫不開身，而劉燕為了家庭和睦也有了生孩子的打算。

　　儘管莫妍自己也很想去，而且王虹也對自己有過暗示。但是想想自己還沒結婚，以後有的是機會。但劉燕就不同了，如果錯過了這次機會，以後有了孩子要想參加此類的培訓就難了。而且經過那次正副主任之爭，自己和劉燕的關係雖然維持著表面的和氣，但莫妍知道，劉燕還對那件事耿耿於懷。可是同處一個辦公室，抬頭不見低頭見的，更何況劉燕還是副主任，如果要個什麼手段，那可有自己受的了。但這次自己如果主動退出的話，那自己和劉燕的關係將會得到改善，最起碼，在以後的工作中，劉燕再不會對自己放暗箭。這樣一想，莫妍便主動找到王虹退出了這次的培訓。

　　其實，王虹自己也正為到底讓誰退出而為難，聽莫妍主動退出，也不禁鬆了一口氣。劉燕聽說了莫妍主動退出，把機會讓給自己，也對莫妍非常感激。

　　三個月的培訓很快就結束了，劉燕回來的時候幫莫妍帶了不少當地的小

吃。最讓大家意外的是，一次培訓，劉燕直接被調到了文化局工作。雖然在文化局也只是擔任一個小職員，但總要比報社裡強出許多。

為此，老杜她們都罵莫妍傻，說是錯失了大好的機會。但是莫妍明白，即使自己參加了這次培訓，也不會被調到文化局工作，因為自己沒有劉燕的工作經驗，更沒有劉燕的人脈。反倒是自己的退讓成全了劉燕，而自己也透過這件事與劉燕建立了良好的關係。可以說，現在的自己在文化局也有了靠山。

而事實也正如莫妍所料，在以後的工作中，劉燕確實幫了自己不少忙。而且由於莫妍的這次主動退讓，王社長一改往日對她的看法，而對她有了重新的認識，直誇莫妍是個不可多得的人才。

更為重要的是，莫妍在劉燕的引薦下，認識了不少新聞界的人士，這使莫妍不僅從他們的身上學到了許多知識，而且在工作中也得到了不少關照。一下子，莫妍的人脈擴張了好幾倍。

吃小虧占大便宜，這招無論是對職場新人還是職場老手，在拉攏人際關係的時候都非常管用。莫妍退讓了培訓的機會，看來是失去了讓自己成長的機會，但卻因此而得到了更多。首先，這次退讓不僅改善了她與劉燕的關係，而且一下子從「敵對」變成了朋友。其次，這次的退讓使王社長一改往日對莫妍不好的看法，替自己在上司心目中留下了良好的形象。再次，因為這次退讓還擴張了自己的人脈網，為自己以後事業的發展做好了準備。

可見，在職場這個利益場上，有時候，一味的競爭會讓你樹立一大批敵人，但是適時的謙讓，不僅會讓你的個人形象得到提升，你的品牌價值也會大大提高。從這方面來講，吃虧並不是真正意義上的「犧牲」，而是另一種隱性投資。而且這種投資的報酬率要比一般的投資要高。所以說，工作中適時的吃點虧，是很有必要的。

第 22 章　同事之間最好別有財務帳

浪跡法則二十二：同事之間最好別有財務帳，否則只會是吃力不
討好，還可能因此而得罪他人。

老一輩們一再告誡年輕人「親兄弟也要明算帳」。而且現實生活中，因為
財務帳不清，兄弟反目，對簿公堂的事也不少。財務帳面前，親兄弟尚且能
反目成仇，那麼沒有任何血緣關係卻還存在著競爭關係的同事，就更不用說
了。因此，同事之間最好別有財務帳。

當然，誰都有個急事的時候，除非你是富翁，否則向別人借錢的事也很
難避免。但在此奉勸一句，即使是去借高利貸，也好過向同事開口借錢，
因為借了高利貸，只要錢還清了，那就什麼事都沒有了。但如果向同事借了
錢，惹來閒話不說，即使你把錢還給了他，也還欠著他的人情。

當然了，你不向同事借錢，並不代表同事不向你借。如果遇到同事向你
借錢的狀況，要是能推就推了吧，至少小氣要比小人要好得多，而且還避免
了以後可能會發生的財務糾葛。但若你實在不好意思拒絕，而同事也剛好遇
到了難事，借給他錢可以，但對於他是否還錢之類的事，絕對不要在其他同
事面前提及。否則在辦公室這個「是非之地」，說不定被添油加醋的傳成什
麼樣呢！

第 22 章　同事之間最好別有財務帳

　　總之，在辦公室裡，同事之間還是別有財務帳的好。

［案例］

　　星期五快下班的時候，汪晴跑到莫妍的面前說：「莫老師，幫個忙，先借我點錢吧！剛才我一個同學打電話說他要來我們這邊玩，今天下午六點火車到站。我得趕過去接他。妳的錢我下個月發了薪水還給妳行嗎？」

　　「可以，不過我也沒帶多少錢，這三千都給妳行嗎？」莫妍打開錢包數了一下裡面的錢問道。

　　「可以，可以。真是太謝謝妳了。等到我有錢了，請妳吃飯。」汪晴接過錢，非常感激的說。

　　看著汪晴離去的背影，莫妍有些笑不起來，因為這可是自己所有的資產，看著錢包裡的一些零錢，莫妍心想：「看來發薪水之前，勢必要與泡麵成為好友了。還好離發薪水的日子也不遠了。再說了，自己平常減肥沒什麼毅力，剛好可以趁這段時間把腰上那圈肥肉好好減減。」

　　好不容易結束了整天和泡麵為伍的苦日子，莫妍迎來了發薪日。從昨天晚上開始，莫妍就已經想好了要好好吃一頓，來安慰一下自己滿是泡麵的胃。對於汪晴能否還錢的事倒是沒多在意。不過下班後，收到汪晴發過來的簡訊，說是自己這個月的錢有急用，讓莫妍再寬限些時日。

　　既然收到了簡訊，總不能不回，再說自己也不急著用錢，所以借給汪晴的那些錢權當是存銀行了。於是回訊息說：「不急，等妳手頭寬裕了再說吧！」

　　在隨後的三個月裡，汪晴仍然沒有還錢，不過從她這三個月裡連換了三次行頭，看來不像是手裡沒錢。雖然對汪晴欠著別人錢，卻仍大肆揮霍的行徑有些不滿，不過既然是汪晴自己說手頭並不寬裕，那莫妍也不好說什麼。心想，那三千元還了就好，如果不還，那自己也只能做個冤大頭了。

畢竟是在同一個辦公室工作，若為了三千元而鬧得同事不和，那會影響以後的工作。

莫妍雖然沒把汪晴借錢的這件事放在心上，可是辦公室本就是一個人多嘴雜的地方，你不說並不代表別人不說。這天，莫妍收到汪晴的一則簡訊，說是有事，下班後在公司門口的披薩店等她。

來到披薩店，汪晴已經點了一份披薩，莫妍剛坐下，汪晴就丟過來三千元，說道：「好了，妳的錢我還給你，至於說過要請妳吃飯，就拿這份披薩頂了吧！」

看汪晴站起來準備要走，莫妍心想：自己應該沒有得罪她吧，今天的氣氛好像有些冷。但還是開口問道：「那個錢妳不用急著還，再說這份披薩是妳點的，妳不吃嗎？」

莫妍本是好心的建議，卻不想正好說中了汪晴的痛處，於是從早上開始極力壓制的怒火一下子湧上了頭，她轉過身，惡狠狠的看著莫妍說道：「別再假惺惺的裝好人了，妳可真是虛偽。表面上跟我客套，可是背地裡卻以此來詆毀我。不想借給我就直說，幹嘛淨做些見不得人的事呢？」

汪晴的話讓莫妍一時有些明白不過來，但好像是與那三千元有關。可是為什麼要說自己虛偽呢？莫妍也開始有些生氣，於是開口道：「汪晴，我好像沒得罪妳吧，什麼叫表面一套、背後一套，我做什麼了，由妳這樣詆毀。」

看莫妍一副死不承認的樣子，汪晴更生氣了，嘲諷的笑了笑說：「妳什麼都沒做，只是在我有需要的時候好心的將錢借給了我，讓我對妳感激在心。可是背後又在同事面前大肆宣揚，說我壞話。結果在大家眼裡妳成了滿懷愛心的小白兔，我卻成了欺負妳的大灰狼。如果這些都不算的話，那妳還想做些什麼？」

聽到汪晴的話，莫妍終於明白問題的癥結之所在，但顯然汪晴對自己有

些誤會。那天汪晴向自己借錢的時候，辦公室就她們兩個人。而且這件事從始至終自己一個字也沒向誰透露過。於是莫妍也毫不客氣的說道：「我不知道妳為什麼會這麼想，但是我可以向妳發誓，關於妳向我借錢的事，我從未向任何人提起過。」

看著莫妍的表情，不像是說假話的樣子，可是自己今天確實聽到同事們都在罵自己借了別人的錢不還，倒是把自己裝扮得漂亮十足。難道自己錯怪莫妍了？於是有些底氣不足的說道：「可是我今天確實聽到大家都在罵我借錢不還，但我也只是向妳借了錢。」

莫妍不知道是哪裡出現了問題，但可以肯定的是，這件事絕對不是自己說出去的。既然不是自己，那是不是汪晴自己不小心說漏了嘴呢，於是便問道：「小晴，是不是妳自己說漏了嘴？」

「沒有，肯定沒有，這件事我沒有告訴過任何人，而且那天我向妳借錢的時候也沒有其他人在場。至於後來讓妳寬限些時日的話，我也是透過簡訊發送的。」汪晴說。

簡訊，汪晴一句簡訊，提醒了莫妍。她記得前兩天，李穎說自己手機沒電了，所以借她的手機發了則簡訊。汪晴發給自己的簡訊看完後好像沒有刪，而且汪晴的號碼自己的電話裡有存。既然這件事自己和汪晴都沒說，那麼很可能是李穎偷看了自己的簡訊，然後大嘴巴的告訴了別人。想到這裡，莫妍有些心虛的說：「對不起，問題可能真的出在我這裡。那天李穎借用了我的手機，而妳發給我的簡訊我忘了刪。」

聽到莫妍這麼說，汪晴覺得自己真是有點「以小人之心度君子之腹」。看來這件事是由李穎那個大嘴巴傳出去的，而自己剛剛還把莫妍說得那麼難聽。有些不好意思的開口道：「對不起，剛剛我說的那些話，妳不要放在心上。」

「怎麼會呢，說來這件事就是我的錯，是我不小心才讓同事們那樣說妳。」莫妍理解的笑了笑說。

「怎麼是妳的錯呢，就是諸葛亮在世，也算不到是自己的手機洩漏的消息啊！也虧得我倆沒在情報局工作，不然說不定還闖出什麼大禍呢！」汪晴半開玩笑的說。

「呵呵，所以啊，我們還是安心的做我們小編輯的好。」莫妍附和道。

既然知道了問題並不出在自己身上，莫妍鬆了一口氣，心想，這背黑鍋的滋味可真不好受啊！

有人說：假如你想失去一個朋友，那就向他借錢。在這裡，我們可以說，如果你想讓單純的同事關係變成仇敵的話，那就向你的同事借錢吧，或者把你的錢借給他吧。同事向莫妍借錢，莫妍為了方便別人，把自己的生活費都給墊進去了，結果天天和泡麵為伍，可是這樣做，換來的卻是同事的誤會和節外生枝。

可見，不管是借還是被借，只要同事之間一旦有了金錢的糾葛，那麼事情就會變得有些複雜。而且，同在一個辦公室，如果同事間因為金錢鬧得不愉快，會為自己的工作帶來很多不便。

第 23 章　請幫你的婚姻穿上隱形衣

浪跡法則二十三：成為已婚一族，不想被大家孤立起來或者是遭上司另眼相待，那麼就請你幫自己的婚姻穿上隱形衣。

幸福，是需要分享的，因為有人分享，你的幸福感便會帶給更多的人。結婚是一件值得讓人高興的喜事，所以自古以來，只要是結婚，鞭炮就放得震天響，親戚朋友全都通知到，然後在大家的祝福中向幸福走去。可是你若選擇把自己結婚的事在辦公室裡來個大曝光，自然也會得到他們的祝福，但是隨之而來的冷落，你也要有所心理準備。

為什麼這麼說呢？因為一旦你結婚的事實曝光，在辦公室裡你將會遇到以下境況：

第一，現在的職場有潛在的競爭法則，人們一旦被貼上婚姻的標籤，競爭力往往大打折扣。

第二，在同事眼裡，已婚有家室的人總是與一堆家務、一堆責任綁在一起，所以一般出去玩、逛街、郊遊都會自然將這些已婚人士排除在外。

第三，對於已婚暫無子女或新婚不久的女員工，老闆都會擔心，因為接下來她懷孕、生孩子、帶孩子等一系列問題都會影響到工作。而且，有些老闆會認為，已婚的人容易封閉自己而不再追求進步，在工作上也不再表現得積極主動。因此，企業常將需要熱情和活力的工作安排給負擔相對較輕的單

身員工。

第四，婚姻可以說是自己的私事，完全沒必要公開。

綜合以上原因，為了使自己能和辦公室裡的眾人打成一片，維持良好的人際關係，還是幫自己的婚姻穿上隱形衣的好。

［案例］

李穎與未來婆婆經過了「半年抗戰」，終於因為肚子裡的孩子而贏得了最終勝利。帶著大家的祝福，李穎走進了婚姻的殿堂。大家也都羨慕李穎找了個有錢人家，直接升級為少奶奶，吃穿不用愁，伸伸手就好。

可是莫妍卻發現，自從李穎走進了婚姻，同事們也開始把她隔絕在了交際圈外。以前，莫妍和同事們一起去吃飯，總不見老杜參加，還以為是老杜不願意參加他們這些年輕人的活動。可是等到李穎結了婚，才發現並非老杜不願，而是大家都心照不宣的把已婚者和未婚者區分開來。

這天星期五下班，大家都聚在一起討論今晚去哪裡好好放鬆一下，等到確定地點後，莫妍很沒眼力的向坐在辦公桌上的李穎喊了一句：「李穎，今天晚上去 KTV 唱歌。前兩次妳都沒去，這次可別忘了。」

莫妍剛一出聲，大家都直直的看向她。莫妍以為自己剛才說話的聲音太大了，所以趕忙說道：「抱歉！抱歉！」說完用手做了一個封嘴的動作。

等到晚上大家唱歌正起勁的時候，李穎接了一個電話，然後不好意思的向大家說道：「對不起，我老公有急事找我，我先走一步，妳們繼續玩。」

「哎，這麼晚了，妳一個人回去小心點。」莫妍有些不放心的說。

「放心吧，我沒事。妳們繼續，我先走了。」李穎說完後，急急的走了。但包廂裡也靜了下來，莫妍有些不知所以的問道：「哎，你們怎麼不唱了？」

「喂，我說妳是真傻啊，還是假傻。李穎結婚了妳不知道嗎？」汪晴丟給莫妍一記笨死了的眼神。

第 23 章　請幫你的婚姻穿上隱形衣

「我知道啊，怎麼了？」莫妍更糊塗了。

「妳還好意思問我們怎麼了。妳既然知道她結婚了，那妳今天在辦公室還刻意喊她。」汪晴埋怨道。

「哎，我看我們在說的時候，李穎坐在辦公桌前，我怕她沒聽見嘛。」莫妍辯解道。

「妳怕她沒聽見，我們是怕她聽見好不好。妳看現在好了，本來大家玩得好好的，她這麼一走，大家玩的心情立刻沒了。」汪晴把自己丟到沙發上有氣無力的說。

「她走她的，我們玩我們的，不就行了。」莫妍還是覺得李穎的離開沒有什麼影響。

「啊，我都被妳氣瘋了。難道妳沒發覺她這一走，讓自己與她有了明顯的對比，而這個結果就是：她是個好女人，十點以前回家。而留在這裡的我們卻成了壞女人嗎？而且在妳瘋玩的時候，人家老公時不時的打來電話關心，反觀我們即使玩到天亮，也不會有人關心一下。難道妳的心裡就沒有一點點的難過？」汪晴眼睛眨都不眨一下的問道。

「哎，聽妳這麼一說，好像是噢。」莫妍有些後知後覺的說。

「大小姐，什麼叫好像是，是根本就是好不好。不同意的話妳問問她們，是不是也有這種感覺。」汪晴指著包廂裡的其他人說。

看到眾人都點頭附和，汪晴用鄙視的眼神看了莫妍一眼說道：「看到了吧，所以以後妳就別再做公關小姐了，搞不好人家還在心裡罵妳破壞了人家與老公恩愛的機會呢。」

從那天後，莫妍沒再喊李穎一起參加下班後的同事聚會，而李穎也好像有意退出似的，沒有主動參加過一次。莫妍心想：以前看到書上勸女人有了婚姻，別忘了維護友情時，自己還會說作者有病，因為婚姻和友情並不矛

盾。現在看來，不是作者有病，而是自己把問題看得太簡單了。

　　踏進了圍城，我們從一個人變成了兩個人或者是更多的人，這就勢必會讓我們花費更多的精力去維護，但人的精力是有限的，再三權衡下，女人大都會選擇把更多的精力投入到家庭當中去。這樣一來，就減少了下班後與同事們相處的機會。而更重要的是，當一個已婚的女人插到一群未婚的女人中，大秀自己與老公多恩愛，自己的婚姻多幸福時，就會激起別人的嫉妒心，這樣一來，也就破壞了她與同事之間的友好關係。就像汪晴說的那樣：「人家老公時不時的打來電話關心，反觀我們即使玩到天亮，也不會有人關心一下。」不論是誰，遇到這種情況都會有一種悲涼的感覺。

　　因此，如果你不想成為已婚一族，被大家孤立起來，那麼就請你幫自己的婚姻穿上隱形衣。這麼做，不僅有利於你與同事維持良好的關係，而且對你的職場發展也有很大幫助。因為老闆僱用的是可以全心全力為公司服務的員工，而不是整天被家庭小事纏繞，或是上班還想著孩子和家人的員工。

第 24 章　缺乏熱情，升遷只會成為浮雲

浪跡法則二十四：缺乏熱情，工作就像溫水煮青蛙，沒有痛感，但卻已離危機不遠。

在工作中，當你開始缺乏工作熱情，從來不主動要求做事，只是懶洋洋的應付；或者不求上進，安於現狀時。這是一個危險的信號，因為，種種跡象顯示，你正在經歷著職場「安樂死」——就像溫水煮青蛙似的，沒有痛感，但等發現危機來臨時，已經無力逃脫。

在職場上，你或許會注意到這樣一種現象，新人要做到升遷很難，但資格老的員工做到升遷更難。或許在許多人看來，老員工升遷難，關鍵在於其沒有了升遷和發展的空間。其實不然，老員工之所以升遷難，關鍵還在於他們對工作缺乏足夠的熱情和動力。因為大多數人到了一定年歲，就開始求穩求安。再加上他們已在此職位上從事多年，而一些相關流程也都已熟門熟路。如此一來，工作便少了熱情，甚至進入了「職場停滯期」，開始討厭工作，討厭同事，覺得自己的工作沒有意義。

人一旦在工作中出現了這種現象，如果不能在工作中改變，就必然在職場中消亡。因此當你在職場中陷入倦怠狀態時，你應該學會調節自己，保持

工作的熱情。

（一）安排好職場計畫，保證充足的動力

有些人不知道自己為什麼工作，也不知道為誰工作。身在職場的你，如果弄明白了這兩個問題，就會熱愛當前的工作了，自然也就會有充足的動力。有些人為了升遷拚命工作，那就應該為自己的職場做好計畫，比如說，三年之後升主管，五年之後升經理，七年之後自己創業等等。有些人為了賺到更多的錢努力工作，那麼就應該替自己規定好，一年之後薪資漲多少，三年之後薪資漲多少，五年之後漲多少。

（二）讓自己愛上現在的工作

俗話說：「做一行，愛一行」，但據統計，約有 68% 的在職者對自己從事的工作不喜歡。每天逼迫自己去做一些不喜歡的事情，這對任何一個人來說無疑是件痛苦的事情。既然工作無法避免，那麼我們為什麼不換個方式，讓自己愛上現在的工作，讓工作變成一件快樂的事情呢？

（三）適當的充電和進修

如果對當前的工作失去了熱情和動力，就要適當的為自己創造「陌生」的環境。有條件的話，可以去參加進修或者培訓，這樣做的目的，一是為自己的大腦充電，不至於使自己「因沒電而當機」；二是讓自己有機會結識更多的業內人士，開闊自己的視野，從而增加自己的職業信心和動力。

總之，要想讓自己與升遷、加薪來個「親密接觸」，你就得讓自己保持飽滿的熱情和足夠的動力。

［案例］

工作以來，雜七雜八的人情世故，莫妍覺得自己有些疲於應付。而且每

天面對著相同的工作，莫妍覺得自己沒有了當初的熱情。是的，現在的工作好像不是為了夢想而努力，更多的是為了完成一種任務。

想想剛進報社的那段時間，覺得自己就像打了激素一般，好像根本就不知道累是個什麼東西，即使是跑著幫別人沖咖啡也覺得是一件很光榮的事情。只要王虹交給自己一個選題，即使只是與別人合作，也能夠讓自己興奮上好幾天。儘管知道自己絞盡腦汁寫出來的東西，別人不一定能看得上眼，可還是加班努力做到最好。

可是現在為何找不到當初的那股熱情了呢？不管什麼選題都提不起什麼興趣。儘管自己也試圖找回原來那個精力旺盛的自己，可結果都不如人意。有時候都不禁自問：「自己是不是變老了？」

莫妍知道，自己必須找回當初的熱情，否則別說是升遷了，就連這份工作能不能保住都是問題。其實，這件事莫妍也請教過老杜，可是老杜說是自己想的事情太多了，說做我們編輯這工作的，成天就是跟一堆文字打交道，這是正常現象。

但莫妍卻清楚，問題並非如老杜說的那般簡單。看來，還是得找個高手談談。思來想去，還是李楓最合適。

「我最近怎麼老覺得自己老了一般，工作起來沒有一點點熱情。」莫妍有些苦惱的說。

「呵呵，妳可別嚇我。妳要是老了，那我還不得去天堂報到了。」李楓開了句玩笑。不過有些冷場，因為莫妍只是象徵性的咧了一下嘴。討了個沒趣，李楓認真的問道：「好吧，說句實話，看妳今天的狀況，確實沒有當初認識的那般活潑熱情。是不是工作壓力太大了？」

「沒有，工作能順利的完成，而且也沒什麼職位競爭，報社也沒有裁員，可我就是對工作提不起興趣來。不管早上做了多少心理準備，一進辦公室，

立刻就覺得沒精神。」

聽了莫妍的話，李楓試探性的問道：「辦公室裡妳跟誰的關係最好？」

「老杜啊，怎麼了？」莫妍有些不解的問。

「聽妳叫老杜，看來應該不年輕吧！」李楓肯定的問。

「嗯，四十多了。不過具體四十幾還真不清楚。」莫妍雖然不清楚，李楓為什麼要問老杜的年齡，但還是做出了回答。

「我想，我大概知道問題出在哪裡了。要不這樣吧，星期天妳有沒有時間？」李楓轉了個話題問道。

「哎，那太好了。」聽到前半句，莫妍一下子來了勁，儘管不知道後半句的目的是什麼，但想了想說，「星期天本來準備去圖書館的，不過若是有事的話，星期六可以擠出一點時間去圖書館。」

「噢，那好吧，星期天我來接妳，我帶妳去個地方。」

聽了李楓的話，莫妍問道：「什麼地方？」

「到時候妳就知道了。放心，我不會把妳給賣了。」李楓賣起了關子。

「好吧，那星期天我等你。」莫妍知趣的說。

星期天，李楓如約來接莫妍，等到了目的地，莫妍發現是一個演講會場。有些奇怪李楓為什麼會帶自己來這裡。

李楓看出了莫妍的疑問，便開口說道：「帶妳來感受一下這裡的氣氛，順道進修一下。」

「進修？是什麼類的演講？」莫妍看了一眼四周都穿得很正式的人問道。

「算是化妝品培訓課吧！」

聽到李楓的回答，莫妍看到會場裡只有兩三個男士，其餘都是女性，於是轉過頭對李楓說道：「既然是化妝品的培訓，你怎麼還坐在這裡。」

「我這還不是捨命陪妳，妳居然還好意思問。」李楓假裝很傷心的說。

　　「還捨命呢，說不定是看上了這裡面哪個女人，然後藉著陪我的名義來賞花吧！」莫妍沒心的挪揄道。

　　「女人啊，妳可真沒良心。是誰前幾天一臉苦惱的打電話說自己變老了，沒有了工作熱情。現在倒好，我放著好好的星期天不過，陪著妳來這裡找熱情，妳卻倒打我一把。妳還真是會傷人心啊！」李楓一臉後悔的樣子。

　　聽李楓這麼一說，莫妍覺得自己成了萬惡的狼外婆，於是忙解釋道：「呵呵，這不是現在沒事做嘛，開兩句玩笑你也能當真。」

　　莫妍還想說些什麼，會場裡安靜下來，主講臺上走上去一個打扮得很精明能幹的女人。聽著她富有熱情的跟大家做介紹，莫妍內心深處那顆青春的心又好像復活了。中場，當大家一起喊口號的時候，莫妍也有些不由自主的加入了其中，就像自己真的就是她們其中的一員。那種感覺就像是電視劇裡看到了那樣，自己是軍隊中的一員，然後為了戰爭的偉大勝利而抗爭一般。等到培訓會結束，莫妍都覺得自己的心還激烈的跳動著。

　　「怎麼樣，這場面夠震撼吧！」李楓看了眼一臉興奮的莫妍說。

　　「的確，可以說，他們太有熱情了，而且也很有感染力不是嗎？」莫妍仍沉浸在剛才的氛圍中。

　　「是啊，這就是環境影響人。當妳處在一個熱情的環境中，那麼妳全身必定充滿了力量。成天跟一堆老太太待在一起，不老才怪呢！」李楓看了一眼莫妍，意有所指的說。

　　「可是我們辦公室裡大多都是年輕人啊！」莫妍還是有些不服的辯解道。

　　「莫妍，妳們做文字工作的，本來就比較沉悶。而且由於讀的東西多了，想問題自然也會複雜許多。本來在別人看來是一件很簡單的事情，到了妳們的眼裡可能就會複雜起來。如果妳再每天跟一個古董級的人物待在一起，那麼即使是再大的熱情也會被消磨殆盡。」李楓耐心的解釋道。

「好吧，聽你這麼一說，的確是這麼一回事。」莫妍有些後知後覺的說。

「什麼叫好吧，這是事實好嗎？我敢肯定妳跟妳那同事老杜待在一起討論的問題，不外乎房價太高、物價漲了、婚姻不幸、孩子不好教之類的問題。」李楓一副料事如神的樣子。

「哎，你怎麼知道。我們聊得最多的就是這些了。」莫妍有些不好意思的說。

聽到莫妍承認，李楓丟過去一記我就知道的眼神，說道：「所以說，以後有事沒事多和年輕有朝氣的人多相處，或者是多聽聽這類富有熱情的演講，即使那些知識對妳無用，但至少能讓妳那顆有些老化的心重新富有熱情。或者妳可以嘗試著去編別的版面，為工作增加點新鮮感，這樣效果會更好。」

聽從李楓的建議，莫妍之後都會抽出星期天的時間去聽這類的培訓課，莫妍開始找到了那種久違的熱情。看來環境對人的影響可真大啊！

人都是群居動物，也是最容易被所處環境薰染影響的動物。對於職場中人而言，如果你所處的環境氛圍不夠活躍，或者說是你所接觸的同事對工作沒有多少熱情，那麼在這些因素的影響下，你的熱情也會漸漸淡去，甚至消失。就像莫妍，每天面對著同樣的工作，工作新鮮感消失了，而且與老杜所聊的也大都是一些生活中瑣碎的小事。自然而然，心境也發生了變化，工作失去了熱情。

可是一個員工一旦失去了熱情，那麼在老闆眼中，你也由一個前途無量的員工變成了一個只是稱職甚至不稱職的員工。試想，誰會讓一個只能算是稱職的員工升遷，說不定老闆還正在謀劃著讓你離職呢！所以，任何時候都不要讓自己失去熱情，當然，對同一件事長久的保持熱情有些不太現實，但是我們可以想辦法增加工作中的新鮮感，如此一來，就像每天都面對不同的挑戰一般，你的熱情也會長存下去。

第 24 章　缺乏熱情，升遷只會成為浮雲

　　要想保持對工作恆久的新鮮感，首先必須改變工作只是一種謀生手段的認知。把自己的事業、成功和目前的工作連接起來；其次，保持長久熱情的祕訣，就是為自己不斷樹立新的目標，挖掘新鮮感，把曾經的夢想撿起來，找機會實現它;再次，審視自己的工作，看看有哪些事情一直拖著沒有處理，然後把它做完……在你解決了一個又一個問題後，自然就產生了一些小小的成就感，這種新鮮的感覺，就是讓熱情每天都陪伴自己的最佳良藥。

第 25 章　頂別人的缺，等於捏了個燙手山芋

浪跡法則二十五：頂別人的缺，並非是表現的機會，反而是捏了個燙手的山芋，讓你有苦無處訴。

在許多人看來，當別人因為某種原因而不得不暫時放下工作時，自己表現的機會就來了。因此，很多人都搶著頂別人的缺。

的確，工作中出現空缺，上司勢必會為讓誰去頂這個缺而苦惱，而你這時主動的跳出來，承擔起那份工作，不僅幫助上司解決了煩惱，而且在完成工作的過程中，自己的工作能力也得到了極大的發揮，使自己有了在上司面前好好表現的機會。

可是你想過沒有，若這個位置缺個三四天還可以，相信你都能應付得來。可若時間一長，一個人做兩個人的事，你真的能吃得消嗎？或者考慮得更深遠一點，若這個缺一直就這麼缺下去，那你是一個人做兩份事呢，還是找上司哭訴自己難以應付？

當然，若你不哭訴，上司也不會積極主動的找別人來替補這個缺，畢竟少發一份薪水，對上司來說是好事。若你向上司哭訴，上司若擺明了不想再請人幫忙，你繼續做，苦的是自己，甩手不做，必然會引起上司的不快。還

第 25 章　頂別人的缺，等於捏了個燙手山芋

有一種情況就是，你因申請頂缺而得到了雙薪，那就更微妙了，人人會覺得你侵犯了他可以收入帳中的那份利益 —— 你為什麼不讓大家責任均沾兼利益均分呢？如此一來，你儘管得到了豐厚的收入，但同時也成為了辦公室裡的公敵。

總之，當你頂了別人的缺，最後無論是不再頂缺還是得到加薪，你都難討到好處。

[案例]

汪晴請半個月的假去讀碩士在職專班，可是她走後的這半個月空缺沒人頂。這天，王虹在辦公室裡說起這事，一臉的無助和落寞，可是辦公室裡卻都沉默一片，真是「此時無聲勝有聲」。

莫妍心想，這可是自己好好表現的好機會，一來幫王虹解除了困擾，二來還可以證明自己的能力。再說，半個月並不長，兩個星期除去四天的休息日，也就十天的工作量，自己加點班，很容易就應付過去了。於是莫妍站起來悲壯的說：「汪晴去學習這段時間的工作，由我來暫代吧！」

看著王虹鬆了一口氣，莫妍覺得自己像俠客般正義凜然，救人於水火之中。當然，接下來的工作並不輕鬆，莫妍每天忙得團團轉，有時候連喝口水的時間都沒有。每天看著日曆翻開新的一頁，莫妍就覺得離希望近了一點，她就像等待情人一樣等著汪晴的歸來。可是半個月後，莫妍等來的不是汪晴的歸期，而是「噩耗」，汪晴正在申請國外學校，準備出國進修。汪晴是揮一揮手走了，可是卻把莫妍推到了尷尬境地。

本來莫妍以為既然汪晴辭職，那麼報社就會應徵新員工來代替汪晴的工作，可是一個星期過了，報社卻沒有發出任何徵人的資訊。於是莫妍的內心開始起了掙扎。心想：自己總不能做兩份工作拿一份薪水吧！我該提出不再幫忙呢，還是加薪？

左思右想，莫妍始終做不了決定，於是便向李楓請教。聽了莫妍的境況，李楓涼涼的說道：「妳說我該怎麼說妳呢！明擺著是一個燙水山芋，妳還搶著去抓。妳怎麼就不想想，辦公室裡那麼多人，大家都不接是為什麼。」

　　「我也不知道汪晴一個進修，竟然有去無返啊！」莫妍後悔的說。

　　李楓說：「這種事，不管對方有得回還是沒得回，妳都不應該接。即使對方進修結束回來了，妳做回了以前的工作量，妳覺得上司心裡會爽嗎？這不明擺著告訴上司妳上班時間不認真嗎？如果妳是上司，妳會不會加派工作量給他？」

　　聽到李楓的話，莫妍更加後悔了，當初自己怎麼就沒想到這一點呢！可是事已至此，現在最重要的問題是接下來該怎麼辦？於是有些無奈的道：「你說得沒錯，可問題是現在我該怎麼辦才好？」

　　「怎麼辦，當然是涼拌，妳說事情發展到現在，還有什麼好的辦法。難道妳跑到上司跟前說妳不再幫忙，那不等於是自打嘴巴嗎？當初是妳自己主動去幫忙的，現在又跑去說自己不做了，妳這算什麼，妳以為是小孩子玩扮家家酒，想怎麼做就怎麼做？」李楓有些氣憤的說道。

　　「那我申請加薪吧，總不能一直讓我領一份薪水做兩份工吧！」莫妍有些不甘心。

　　「申請加薪，難道妳想成為辦公室裡的公敵？」李楓瞪了莫妍一眼道。

　　「辦公室裡的公敵，怎麼可能？」莫妍覺得李楓過於危言聳聽。

　　「怎麼不可能，大家一同工作，妳拿他們兩倍的薪水，妳說誰心裡會舒服。如果妳當初不搶著接缺，那麼這份工作很可能會平均分配下來，這樣加薪也是大家一起加。可是，現在呢，只有妳一個人加了薪。辦公室本就是一個利益場，妳說妳占了他們的利益，還讓大家友善待妳，這可能嗎？」

　　李楓的一句話問得莫妍是啞口無言，當初接這個缺的時候，自己根本就

第 25 章　頂別人的缺，等於捏了個燙手山芋

沒往這方面考慮，還納悶這麼好的差事為什麼沒人吭聲，暗罵他們傻呢。搞了半天，真正傻的人是自己，接了個燙手的山芋，還以為撿到了金元寶呢！可是不管怎樣，問題還是要解決，莫妍仍帶著一絲絲的希望問道：「難道就真的沒有什麼好的解決辦法了嗎？」

「有，那就是妳繼續接著這個燙手的山芋，然後在工作過程中慢慢的表現出難以承受重負荷，說不定妳上司心一軟，就會減輕妳的工作量。但若妳上司一直裝作不知，那妳就等著累垮自己吧！」李楓無情的說。

剛聽李楓說有時，莫妍的眼前一亮，可是聽了後面的話，莫妍剛剛升起來的希望又破滅了。不過經李楓這麼一說，莫妍覺得最後一個方法雖然見效慢，但怎麼樣也比自己開口要求的強。所以莫妍決定採用第三種方案。

這天中午休息結束後，莫妍來到王虹辦公室說：「王主任，我想請半天假去醫院。」

「怎麼了，生病了？」王虹一臉關切的問道。

「我也不知道，從早晨到現在，一直覺得頭暈，而且心裡還難受得要命。所以我想去醫院看看到底是怎麼了。剩下的工作我拿回家做，明天早上的時候交給妳可以嗎？」莫妍有氣無力的問。

「可以，實在不行的話，妳先休息，妳的工作我讓別人幫妳做了。」王虹建議道。

莫妍虛弱的笑了笑道：「沒事，大家手裡也都有自己的工作要忙，我怎麼好意思麻煩大家。我去醫院拿點藥，吃了可能就會好起來。」

「嗯，好吧，那妳自己路上小心一點。」王虹囑咐道。

第二天上班時，莫妍的臉色仍有些不好，王虹關心的問道：「莫妍，昨天去醫院，醫生怎麼說？」

莫妍給了王虹一個放心的微笑，回答說：「噢，也沒說什麼，就是說

我最近過於疲勞，睡眠不足而導致的一些自然反應。以後只是注意多休息就行。」

　　莫妍的一番話，讓王虹有些尷尬，因為她明白，莫妍之所以這樣，完全是因為她一個人做兩個人的工作。王虹覺得自己過於自私，想當初莫妍主動承擔起汪晴的工作，幫自己解了圍，可是現今，自己為了省下一份薪水，而讓莫妍累出了病。回到辦公室，王虹就打電話向王社長說明了情況，要求應徵一名編輯。王社長也欣然答應了。很快的，莫妍擺脫了手裡的燙手山芋。

　　頂別人的缺，並非是好事。就像莫妍，丟也不是，拿也不是，讓自己陷入了尷尬的境地。所以，在職場上，缺能不頂就別頂，搶著頂缺的傻事更是不能做。

第 26 章　妥協並非軟弱，退讓反是一種明智的選擇

浪跡法則二十六：在職場這個零和遊戲場，適當的妥協是一種明智的選擇，但若一味的妥協，那就真的代表投降。

俗話說：狹路相逢勇者勝。但在職場這個零和遊戲場，英勇有時候能帶給你的並非是勝利，反而是更大的阻礙。

一位哲人曾說：「為了更好的一躍而後退。」可見，不是所有的撤退都是失敗，不是所有的占領都意味著勝利，不是所有的後退都預示著被打敗，不是所有的前進都能帶來勝利，勇往直前並不意味著能夠所向披靡。

如果暫時的後退能夠贏得之後的前進，那麼這種方法可以採用。所以，很多時候，妥協退讓並非軟弱，反而是權衡後的一種明智選擇。

可是在許多人的觀念當中，妥協就是退讓，就是向強硬勢力低頭，但凡有點自尊的人，一旦要面對妥協的事實，心裡肯定會不舒服。但是與其硬拚，弄得身敗名裂，還不如退讓一步，另謀發展的好。因此，從某種意義上來說，妥協也是一種美德，因為它使得人與人之間在僵持的局面下，尋找到了兩個不同數字之間的一個公約數，這種適當的讓出自身利益的行為，不僅能帶來更大的經濟利益，還能獲得如「信任」、「尊重」的無形利益。

當然，每個人都希望堅持自己的理想，絕不向困難妥協，這種精神是讓人敬佩，但是有時候一些事情並不是一味堅持就能實現的。堅持的精神固然重要，但現實則更是產生決定性作用。

　　「明知不可為而為之」是一種高尚的品質，可是事實上，大多數事情在堅持中都會有或多或少的妥協，有時甚至主要是透過妥協來完成最終的堅持。

　　每個人在妥協的時候都會帶有無奈的苦澀，但妥協依舊不失為是一種藝術。在現實生活中，什麼樣的人才是成功之人，什麼又叫強大的震懾力，難道說，你把別人打垮了，使別人無法翻身，就能說明你是成功之人？難道說別人看到你，就像老鼠見了貓一樣，躲之不及，就說明你有震懾力？其實不然，對於當今講求合作、互利互惠的社會來說，人們所追求的更是一種折衷，既不需要將自己的利益降低到零下，也不希望他人的利益升溫到 50 度，這樣獲利的一方即使追求到了最大利益，但也難以抵擋周圍的冰冷，使得他人難以與你合作共事，自然你所獲得的利益到此也就戛然而止了。所以說，人應該先學會對他人與自己退讓和妥協。能夠把自己壓得低低的，那才是真正的尊貴。一個人再聰明也不宜鋒芒畢露，不妨裝得笨拙一點；即使非常清楚明白也不宜過於表現，寧可用謙虛來收斂自己；志節很高也不要孤芳自賞，寧可隨和一點；再有能力也不宜過於激進。寧可以退為進，這才是真正安身立命、高枕無憂的處世法寶。

　　當然了，在職場上，只有自己才能為自己的利益考慮，一味的屈從，勢必會造成軟弱可欺的樣子，從而讓有心之人有機可乘。因此，適當的妥協是一種明智的選擇，但若一味的妥協，那就真的代表投降了。

[案例]

　　快下班的時候，王虹出了辦公室，就直直走向莫妍問道：「莫妍，我前兩天交給妳的稿子，妳怎麼還沒有給我？」

「什麼稿子？」莫妍帶著迷茫問道。

「什麼稿子？妳不會想告訴我那篇稿子妳一點都沒做吧！」王虹的語氣裡有著明顯的不滿。

「咦，前天的稿子我已經交上去了，而且報紙不是都已發行了嗎？」莫妍想了想說。

「報紙發行過的稿子難道我不知道嗎？我說的是那篇有關留守兒童的稿子。」王虹不情願的解釋道。

聽了王虹的話，莫妍仔細回想了一下，王虹根本就沒跟自己提過任何有關此類的話題，若是在剛開始工作的那時候，莫妍一定會毫不猶豫的說：「妳根本就沒對我說過這份稿子的事。」但現在她不會這樣說了，既然眼前這位掌管著她生殺大權的人，在眾人面前說出了前面那番話，那自己除了點頭承認外，似乎沒有更好的解決方法。只不過是一份稿子而已，加個班一切都OK。但莫妍相信，此時的王虹也一定知道到底有沒有讓莫妍去寫那份稿子。於是她平靜的說道：「王主任，那天有點忙，妳說的時候我可能沒聽清楚，要不我明天早上把稿子給妳行嗎？」

「好吧，也只能這樣了。」王虹用打量的眼神看了莫妍一眼說。

王虹剛走，吳莉走了過來，用眼睛斜瞄了一下莫妍，有些不屑的道：「明知道王虹沒跟妳說，幹嘛要承認自己沒聽清楚。真是丟人。」

聽到吳莉的話，莫妍也沒有生氣，心想：丟人嗎？或許是吧，但自己心裡卻覺得很輕鬆，是的，很輕鬆。至少現在的我知道，王虹這段時間不會再找我什麼麻煩，退讓一步，換來平靜安寧的日子真是一件很划算的事。

那天晚上，莫妍工作到很晚才睡覺，不過好在還是把那份半路殺出來的工作給解決了。第二天，當莫妍把昨晚寫出來的稿子交給王虹時，王虹並沒有抓住稿子晚交這件事不放，反而，在莫妍離開的時候說了一句：「這篇稿子

寫得很用心，以後好好努力。」

聽到王虹的話，莫妍回應道：「謝謝，我一定會努力工作的。」

聽到莫妍的話，王虹帶著淡淡的笑，沒說什麼，但是從王虹的眼中，莫妍看到了她對自己的欣賞。莫妍心想：看來王虹知道自己並沒有把那份工作分配給她，只是主管的權威不容許她承認自己的錯誤而已。不過，誰對誰錯現在已經不重要了，重要的是這件事終於得到了圓滿的解決。

當你與上司發生衝突時應該如何解決，是據理力爭，還是退讓一步，承認自己的錯誤，替上司保有面子。其實在一部分人看來，既然自己沒有做錯，那又何必委屈自己，可是你有沒有想過，為了爭一口氣鬧一場，結果把自己與上司推向對立的一面。但莫妍卻認為，吵鬧並不能解決問題，反而有可能斷送了自己的薪水和獎金，甚至是自己的事業。所以現實一點，即使上司錯了，你也可以替上司尋找一個臺階下。這樣一來，上司也不會抓著眼前的錯誤不放，因為他一定明白，如果大鬧下去，丟臉的是自己。而且上司也會因為你的退讓使他保有了面子，而對你心生好感，在以後的工作中也會對你關照有佳。所以，不要像個小孩一樣在衝突中放任自己，而是運用自己的智慧和團隊精神與上司盡量合作，讓上司發現你是個理想的合作夥伴，這對你以後的發展大有益處。

儘管妥協總是被人當作軟弱看待，因為妥協在大部分情形下總是以反面的角色出現。向歷史妥協，那往往就是停止不前；向敵人妥協，那就是罪人；向生活妥協，那就是萬人唾棄的懦夫。因此，在一些人的眼中，妥協似乎是軟弱和不堅定的表現，似乎只有毫不妥協，方能顯示出英雄本色。但是，在現實生活中，人與人之間的關係逐漸由依賴與被依賴的關係，轉向相互依賴關係。在現實生活中，妥協亦是維繫彼此之間關係的一種調和劑。所以說，身在職場，不要一味的堅持，若有必要，適當的退讓和妥協，反倒是能使你

進步得更快。

第 27 章　進修學習是你一生的事業

浪跡法則二十七：任何時間，放棄進修學習，就意味著停止不前，甚至是後退。

　　對於現今的我們而言，如果只是想當一個單純的上班族，那麼顯然是沒有什麼未來的。應該做的事情是，把自己現在人生全部清零，然後重新設計人生。

　　物競天擇，適者生存。現今是一個充滿激烈競爭和變化萬千的世界，前一刻的你或許還因為自己的優秀而沾沾自喜，可是下一刻你卻會發現，自己已經被別人狠狠的拍在沙灘上。因此，如果你只是想單純的當一個上班族，停留在昨天的成績上，那麼你的未來將是岌岌可危的，很有可能如同恐龍那樣，不能應對新時代的環境變遷而滅亡。

　　可是抱著「離開了校園就告別了學習」想法的人還有很多。卻不知，與從前相比，現在大家的文憑，乃至研究所文憑，在成功的條件中只占了很小的一個比例。在職場中，只有那些積極回應變化、不斷學習、具有前瞻性的人才會真正占有優勢。會規劃自己學習進程的人、會自學所需知識的人，都被稱為自學成才者。而我們現在已經進入了一個自學成才的時代。

　　人的知識和能力應當是多元性的，不能僅限於某一種技能，現代社會的每個人都要努力做到一專多能，不要在一棵樹上吊死；一方面，現在手上

的技能要跟社會需求相呼應，把過時的技能及時丟掉，學習時代需要的新技能；另一方面，要根據自身素質優勢，及時充電，根據環境選擇最適合自己的進修學習或再就業的方式，實現「技能儲備」，這樣才能在職場舞臺上穩健上升。

技多不壓人，充電是為了更好的敬業，進修學習永遠是無止境的，所以要樹立終身學習的理念，正如人們所說，你永遠不能休息，否則你就永遠休息。

在競爭激烈的職場上，一紙文憑的有效期是多少年？一項技能用多長時間？當你必須向別人出示你塵封已久的證書時，當你在工作中越來越覺得力不從心時，又該怎麼辦？現在的職場臥虎藏龍，隨時都有新人準備把你擠走，所以必須保持著競爭的姿勢來適應職場的變化。

可以說，在未來，你唯一的競爭優勢就是比別人學習得快，行動得快。所以，我們要把進修學習當作自己一生的事業。

［案例］

丁俊是報社裡的資深攝影記者。由於他的拍攝角度總是與眾不同，沒有人知道他下一張照片會是什麼風格，而報紙上的圖片是非常重要的，可以說，他在社裡的地位舉足輕重。因此，當王虹讓莫妍跟丁俊一起去採訪時，莫妍興奮不已。

可是，也真如大家所說的那樣，能力越強的人脾氣越大。對此，莫妍在與丁俊少有的幾次合作中深有感觸。他跳躍式的思維讓莫妍苦不堪言，當莫妍把他上一刻所描述的內容用文字的形式表達出來後，他又完全否定掉，提出另一個新的構想，而莫妍又不得不重新編寫。不得不承認，經過幾次翻新和校對，稿件的品質確實大有提升。儘管莫妍很努力的想跟上丁俊的腳步，可顯然丁俊對莫妍還是有諸多的不滿，因此要求王虹重新幫他安排一個

合作者。

　　以前領教過丁俊的魔鬼要求的，一聽說要與他合作都直搖頭。無奈之下，王虹便讓李娜去。或許是因為李娜還未領教過丁俊的厲害，所以很直爽的答應了。當然了，大家也都對李娜不抱多大的希望，畢竟到目前為止，報社裡還沒有一個人能逃脫得了丁俊的刻薄要求。

　　顯然，事實與大家所想的有些不符。因為李娜並沒有被踢回編輯部，反倒是與丁俊合作寫出了許多精彩的文章。可以說，丁俊的照片與李娜的文字配合得天衣無縫，為此還受到了王社長的點名表揚。

　　莫妍看著李娜所編寫的稿子，開始真正的了解到什麼叫作危機感。想當初自己與李娜一同進的報社，雖然在為人處世方面自己有一些遲鈍，但是文字能力可是要比李娜高出一大截。可是現在呢，自己雖然比以前有了進步，但顯然李娜的進步要比自己快許多。可以說，李娜現在的文字功底已經勝出了自己。

　　莫妍覺得自己應該向李娜學習，於是想約李娜一起坐坐，向她請教一些方法和技巧。可誰知李娜卻有些為難的說：「真的很抱歉，我今天晚上還有課，要不哪天我有時間了請妳吃飯吧？」

　　「有課，什麼課？」莫妍下班後的時間基本上都是窩在家裡看小說，或者是在網路上跟網友們聊天。聽到李娜要去上課，便有些不解的問道。

　　「噢，這不是每天下班後沒事做嗎，我便報了一個進修班來打發點時間。」李娜解釋道。

　　「是嗎，我一直也想報個進修班，可是始終都沒落實。既然妳要去上課，那我們以後有時間再一起吃飯。」聽了李娜的話，莫妍明白了今天造成她和李娜如此差異的問題終於出在哪裡了。

　　不久，莫妍也報名參加了進修班。在進修班，莫妍也認識了許多新的朋

第 27 章　進修學習是你一生的事業

友，大家一起學習，一起探討問題，好像又回到了那個為了夢想而努力的學生時代。

在這個競爭異常激烈的時代，不能與時俱進的人必將被社會淘汰。然而衡量一個人到底有多重視自我發展，關鍵要看他捨不捨得投資。如果老闆不會為你加入某個組織、參加某次會議或者與你目前工作無關的培訓班提供費用，你也會自掏腰包去進修。如果不會，那就說明你不過是工作上的一個過客而已。

莫妍畢業於知名大學，李娜卻只是一個普通大學而已。剛進入報社時，李娜的工作能力沒有莫妍的強，可是經過一段時間的努力，李娜的能力顯然要比莫妍更勝一籌。造成這個結果的直接原因是，莫妍工作後沒有主動去進修學習。相反的，李娜卻是利用一些節假日或者是休息時間去進修，而且是自掏腰包。

看來，即使你以前的成績多麼的輝煌，如果故步自封，也同樣有些危險。一味依賴原有技能，不肯學習新技術的人，也會成為滿腦子陳規陋習的恐龍。對於職場的任何一個人而言，如果你不願學習，那你就應該準備好辭職信了。所以，無論任何時候，你都不能放下學習。

第 28 章　光有業績不行，你還要有人際

浪跡法則二十八：職場並不僅僅是做事的地方，更多的則是經營人脈的地方。

人們說職場如江湖，不僅僅是因為職場中的爭鬥和江湖中的一樣「險惡」，其實還有另外一層意思，那就是繁雜的人脈網絡同樣制約、影響甚至決定著身處其中所有人的最終命運。

可是在職場中，人們最容易犯的錯誤，就是覺得職場是做事的地方。職場是做事的地方嗎？不對，職場還是做人的地方。在職場中，人際關係重於工作能力，做人的要求大於做事的要求。如果不懂得這一點，而是一味的埋頭苦幹，那即使是你能力再強，你也只能是個小小的員工，而不會有大的發展。你必須明白，「吃得苦中苦，方為人上人」不過是一個美麗的童話，打好人際關係才是通向成功的正確途徑。

在職場上絕大多數人都是普通的員工，想得到晉升，依靠業績不是不行，但是憑你一人之力能做出多少？如果沒有強大的人際關係做支撐，周圍都是一片反對之聲，走到哪裡都受人排擠，在這樣的職場環境之中，縱使你有「三頭六臂」，恐怕也難以發揮出多大的才能。相反，若是你處理好了辦公

室裡的人際關係，那麼在你遇到困難的時候，就會有人伸手援助，而大家的一致呼聲也會把你推到更高的舞臺。

而要處理好人際關係必須做到幾點：

首先，和公司管理層的關係，既要高品質的完成自己的任務，還要懂得尊重領導者。年輕的職場人還要注意自己，不要鋒芒太露，不可功高蓋主。

其次，要處理好與同事的關係。對待同事要真誠，要樂於幫助他人，在與同事相處的過程中，不能只看到別人的缺點，而看不到他人的優點。只有善於接納他人、勇於容忍他人缺點的人，才能贏得大家普遍的歡迎。

再次，對待自己的下屬，要善於換位思考，經常把自己置身於下屬的位置，考慮自己安排的任務是否合理，而不是強求。更要懂得尊重下屬，尊重他們的人格，而不能經常批評甚至不顧場合的辱罵自己的下屬。

最後，要與客戶保持良好的合作關係。客戶就是上帝，搞定了客戶你就贏得了勝利。

總之，在辦公室裡，你的人際脈絡應該是廣泛的。而這些人際脈絡不能帶有歧視和偏見的干擾，那麼你以後的職場之路肯定會更加順暢，因為人際勝於業績。

[案例]

認知到自己這段時間來的自滿狀態，莫妍開始從各方面嚴格要求自己，不僅參加了進修班，而且在工作中也開始更加嚴格的要求自己。無論是出去跑新聞還是在辦公室裡寫稿子，莫妍都要求自己做到最好。

於是乎，莫妍成了辦公室裡的「拚命三郎」，可是效果卻沒有想像中的那般好，難道是自己的努力還不夠？這天碰到發行部經理李俊，莫妍露出一個微笑，打招呼道：「李經理好。」

可是李俊只是看了莫妍一眼，什麼都沒說就走開了。這讓莫妍顯得有些

尷尬。以前莫妍見李俊與編輯部的其他同事們都有說有笑的，看起來不像是一個冷漠的人，怎麼自己一跟他說話好像完全換了個人似的。

「老杜，妳覺得李俊這個人怎麼樣？」莫妍走到老杜跟前，偷偷問道。

「還不錯啊，不但人長得俊，而且還很和氣。怎麼突然間問到他了呢？不會是……」老杜帶著曖昧的眼神問。

「行了，想什麼呢！以前碰見過他好幾次，但都是距離較遠，所以也沒怎麼打招呼，今天正好面對面碰到了，於是我便跟他打了個招呼，誰知他居然一聲不吭就走開了。」莫妍說起了上午遇到的事。

老杜說：「怎麼會呢，平日裡他見了我們反倒是主動打招呼。妳是不是哪裡得罪了他？這可不行，要知道，在整個報社得罪了誰都還好，就是不能得罪發行部，發行部經理就更別說了」。

聽到老杜的話，莫妍仔細的想了想，自己與李俊根本就沒什麼交集，怎麼會有得罪一說。「沒有啊！我以前跟他沒什麼來往，想得罪也難啊！」

老杜想了想說：「是嗎？那我就不知道了。或許是第一次有些不習慣吧！以後常走動走動，把關係連結起來，不然做再多的事也是白搭。」

莫妍有些不明所以的問：「為什麼？」

老杜白了莫妍一眼，說：「還為什麼，妳業績的高低還不是拿捏在發行部經理的手裡。他說低就低，說高就高。所以說最不能得罪的就是發行部。」

認知到問題的嚴重性，在隨後的一段時間裡，莫妍特別注意起了李俊，摸清了他的一般作息時間後，莫妍就刻意的製造一些偶遇。經過幾次主動的打招呼，李俊的態度開始慢慢發生了變化，從最初的置之不理到勉強應付，一直到現在的親切友好，莫妍慢慢與李俊熟悉了。

與李俊打好關係後，莫妍體會到了人脈的作用。平日裡自己到發行部拿個東西，或者做別的什麼事時，進去後不知道該找誰，而且大家看見她也當

作沒看見，好像自己是隱形人一樣。可是自從與李俊打好了關係，莫妍再到發行部時，大家不僅會和她打招呼，而且還積極的給予幫助。這使得莫妍享受了很大的便利，工作效率一下子提高了很多。而且由於發行部最接近群眾，所以在與發行部眾人閒聊的過程中，莫妍對讀者市場有了大概的了解，這使得莫妍企劃的選題以及所編寫的稿件也都有了很大的突破。

　　經此一事，莫妍認知到，在職場混，你不僅要跟自己部門裡的人打好關係，還要與公司裡所有的人打好關係。這樣，當你有求於人時，別人才會伸出援助之手，否則你自己繞繞轉轉，始終找不著門路，不僅浪費時間，而且完成的效果也差。在以後的工作中，莫妍不僅注重工作業績，更注重與報社的其他部門的同事們建立良好的關係。這使得她在以後的工作中更加得心應手。

　　職場不僅是一個做事的地方，更是一個擴充人脈的地方。人際關係是職業生涯中一個非常重要的課題，特別是對在大公司工作的人來說，良好的人際關係是舒心工作安心生活的必要條件。對於辦公室中的個人來說，專業是利刃，人脈是祕密武器，如果一個人只有專業，而沒有人脈，個人競爭力就是一分耕耘，一分收穫。倘若加上人脈，個人競爭力將是一分耕耘，數倍的收穫。

　　莫妍認真努力，但工作效率卻不見好的一個很大的原因是，自己一味的努力工作，卻忽視了人脈的重要性。當她與發行部李俊建立了良好的關係後，不僅工作效率提高了，而且還使自己的工作業績更上了一層樓。

　　因此，身在職場，我們在提高工作能力的同時，不能不重視對人情世故的投資。

第 29 章　職場要耐得住寂寞

　　浪跡法則二十九：職場誘惑太多，只有耐得住寂寞，才能熬得
出偉大。

　　在職場中，曾經流傳著一個經典的段子：

　　A 對 B 說：「我要離開這個公司，我恨這個公司！」

　　B 建議道：「我舉雙手贊成你報復！對這爛公司一定要給它一點顏色看
看。不過你現在離開，還不是最好的時機。」

　　A 問：「為什麼？」

　　B 說：「如果你現在走，公司的損失並不大。你應該趁著在公司的機會，
拚命去為自己拉一些客戶，成為公司獨當一面的人物，然後帶著這些客戶突
然離開公司，公司才會受到重大損失，非常被動。」

　　A 覺得 B 說得非常有道理。於是努力工作，事隨所願，半年多的努力工
作後，他有了許多的忠實客戶。

　　再見面時，B 問 A：「現在是個好時機，要跳槽趕快行動。」

　　A 淡然笑道：「總經理跟我長談過，準備升我做總經理助理，我暫時沒有
離開的打算了。」

　　其實這種結果也正是 B 的初衷，因為在他看來，與其盲目跳槽，不如學
會臥槽。

第 29 章　職場要耐得住寂寞

那麼到底是該跳槽還是該臥槽呢？如今有相當多的職業人士耐不住寂寞，認為同一公司的晉升速度不如更換公司來得快。於是，頻繁跳槽成了很多人的通病。由於對工作的不滿意，在各式各樣的誘惑下，很多人一直跳來跳去，但自身境況並沒有改善多少，薪資沒有明顯提高，前程也越發渺茫。更可怕的是，這種習慣性跳槽已經成了一種惡性循環，對自己的職業發展非常不利。可以說，在職場上頻繁跳槽的人不計其數，但真正幸福的卻沒幾個。

來自社會的誘惑太多，如果內心不堅定，你只會在羨慕中迷失自己。事實上，影響我們的只能是我們自己的心態，而不是別人的生活模式和生活方法。只要我們心態好了，我們就不會羨慕別人的高薪酬、好福利，而是依據自己的職業規畫的方向走，並一直走到自己想要到的地方。

其實，如果你是一個不受老闆重視的員工，最好的解決辦法不是跳槽，而是雙管齊下：一方面調節好心態，換個角度來看問題；另一方面，適度「充電」很必要，利用下班時間學點自己感興趣和有用的知識技能，也好為自己進一步發展奠定基礎。

當然，我們為什麼要工作？剝開那些冠冕堂皇的理由，答案就是錢。因為我們努力的去工作是為了有一天不工作。如果有一份工作能提供更多的錢的話，相信大家都會心動，且付諸行動的人也很多。但你必須明確一點，跳槽不是目的，提高自我身價更重要。如果你盲目的跳來跳去，只會毀了你的職場生涯，畢竟，圈子就這麼小。

那麼，到底是選擇跳槽還是臥槽，先考慮以下幾點再做決定，相信對你的選擇會有很大的幫助。

（一）　不要為了不好而跳槽，而是為了更好而跳槽。跳槽，應該是在更好的機會出現之後進行，而不是因為目前的處境不如你願而跳。

如果單純因為暫時的工作不如意就輕易放棄，選擇跳槽，很快你就會發現，不管在什麼行業，你都忍不住想跳槽。

(二)　跳槽不能只盯著高薪，還要注意尋求更好的職業上升空間。如果你有豐富的工作經驗和足夠的能力。待遇卻低於市場平均水準，在跟上級溝通之後得不到合理的調薪，可以考慮離開。不過，在跳槽的時候不能把目光局限於高薪上，而是要看你能否獲得更好的上升空間。

(三)　明白你想要的是什麼。如果有跳槽的打算，你必須給自己一個明確的規畫，想做什麼，適合做什麼，能夠勝任什麼，然後以此為中心，尋找可跳之機。

(四)　只要你技高一籌，就不怕難入新東家之眼。你得讓一家公司看到你的優勢或長處，發現你的亮點，才可以越跳越好，跳到更好的企業和工作環境中。如果跳來跳去，不過是在水準相差無幾的企業中轉來轉去，那跳再多次也沒有什麼意義。

(五)　盡量與一家單位好聚好散，一般來說，跳槽之前，要提前一個月跟公司提出辭職申請，盡快完成工作交接，跳槽後，也要自覺的為前公司的商業祕密守口如瓶。跟之前的同事保持好關係，維持聯絡，他們會成為你今後工作中的人脈。

(六)　不要隱瞞和編造工作經歷。跳一次槽，會讓你的工作經歷有所增長，但在今後的工作履歷中，要注意如實表述先前的工作經歷，不要有意誇大或者編造。如果「造假」被發現，你就會因此而失去別人的信任，也會對你今後的職場發展之路帶來許多意想不到

　　的麻煩。

[案例]

　　大學畢業，擁有一份工作，在這年頭已算不錯，可真所謂是人比人氣死人，本以為大家混得差不了多少，卻不想各方一打聽，自己混得最差。

　　大學時同一寢室的 A 上個月僅薪水就有六萬元，再加上一些業外收入，那可是自己半年的薪水。B 則開了一家服裝店，雖說收入不是很穩定，但是生活卻是悠閒自在，哪像自己還得看人臉色吃飯。真是不比不知道，一比嚇一跳。莫妍覺得自己混得有些悲慘，儘管自己曾一心想成為知名記者，可是現實卻很殘酷。於是開始有了跳槽的想法。

　　可是辭職並不是一件小事，於是莫妍便和老爸通了電話。聽了莫妍的想法，老爸問：「那辭職以後妳準備做什麼？」

　　「這個，我還沒有想好。」莫妍支支吾吾的說。

　　「丫頭，現在找份工作不容易，尤其是自己喜歡的工作。雖然別人賺錢是比妳多，但是也不可能像妳這樣朝九晚五，週六日還休息的。看事情不能只看一面，而要全面分析。我想這件事妳還是慎重的考慮一下再說吧！」

　　聽了老爸的話，莫妍想想也是，A 儘管薪水高，但是每個月基本上沒什麼休息日，而且有時候還得陪著應酬。想想自己若真的是做了跟 A 一樣的工作，不說別的，就是喝酒首先就無法接受。當然也有些羨慕 B 悠閒自得的生活，但收入不穩定可是一大難題，最重要的是，自己還得為此而操好多的心。儘管覺得老爸說得很有理，可是莫妍覺得在報社發展得太慢，沒有熬個幾年根本就不可能有什麼大的發展。可是對於女人來說，事業上的發展全憑結婚前的這幾年，等到結了婚，孩子、家庭哪樣不需要操心，根本就不可能全心全力投入到工作當中去。不過莫妍還是想聽聽大家的意見，畢竟一旦做出了選擇，那就要承擔其所擁有的風險。

「李楓，我想跳槽。」李楓剛接通電話，莫妍就丟過去一個重磅炸彈。

「妳要跳槽？妳一直以來的夢想不是成為知名記者嗎？怎麼現在又改變主意了？」李楓有些吃驚的聲音傳來。

「既然說是夢想，那就與現實是有差別的。我這只是順應現實而已。」莫妍辯解道。

「好吧，妳是識時務者，可是對於妳們女孩子來說，在報社工作還不錯，不僅能學到許多東西，而且工作量也不是很大。」李楓開導道。

「工作在哪裡還不是一樣，只要是職場，就沒一個清靜的地方。儘管每天和文字打交道，可是辦公室裡的明爭暗鬥從沒有停止過。既然如此，我為何不找一個發展快，而且薪水多的工作呢？」莫妍有些感慨萬般。

「呵呵，就像妳說的，在哪裡工作都一樣，那妳幹嘛還跳槽？高薪資是要更大的付出的，天下沒有免費的午餐。而且妳自己學的就是新聞專業，如果去做別的工作妳能適應得了嗎？即使是妳能適應，人家老闆會要一個專業不對口的員工嗎？如果妳想換另一家報社工作，薪資跟妳現在的所差無幾，更為關鍵的是，妳一切還需要從頭開始。這些妳考慮清楚了嗎？」李楓有些咄咄逼人的問道。

「我，這些我還沒有想清楚。」莫妍說話的語氣開始有些變弱。

「莫妍，跳槽並沒有想像中的那般簡單，跳到另一家公司適應不了怎麼辦？繼續跳。可是圈子就這麼大，妳這樣跳來跳去，最後誰還願意聘用。或許我說的這些過於悲觀，但是，這些情況的發生也不能排除在外。可以說，在跳之前，應該把所有可能發生的糟糕情況都考慮進去。權衡跳與不跳對妳的利弊，然後再決定是否真的要跳。」李楓語重心長的說。

「李楓，謝謝你，每次在我最為茫然的時候，都是你讓我清楚到底該怎麼做。你說得沒錯，跳槽可不是鬧著玩的，沒考慮後果想跳就跳，那就真的掉

下來摔死了。」莫妍輕鬆的笑了笑說道。

「美女，別淨講些好話，來點實惠點的行不行。比如，請我吃飯，或者是以身相許也行。」李楓半開玩笑的說。

李楓的話讓莫妍心中一滯，但還是假裝沒聽懂的說道：「好啊，等到你妹我有錢了，一定請你吃頓大餐。法式還是日式，任你挑選。」

聽到莫妍的話，李楓的心中有些淡淡的失落，始終還是無法走進她的心，成為她身邊的那一位。好吧，其實做朋友也沒什麼不好，至少能在她有需要的時候，能給予她關懷，至少我知道她過得幸福。於是，李楓說道：「好，這個我可記下了，到時候看我怎麼把妳吃垮。」

與李楓通過電話後，跳槽的想法已經蕩然無存。莫妍心想：知足常樂，這真是句經典。寂寞是因為自己想要的太多，但靜心想想，那些卻未必是自己所需要的。就像每天上下班乘坐公車，車資也就十幾塊錢的事，但是許多人卻硬是要自己買車，先不說汙染空氣，就自己本身而言，雖然省去了擠車的麻煩，但是塞車卻是必須承受的，而且現今油價又這麼高，反倒替自己找了一個不小的開銷。看來，窮並沒有我們想像中的那般悲慘，富也並非如我們想像中的那般自在。關鍵在於你覺得幸福著就好。

當今社會誘惑無處不在，以至於我們心中有了太多的需求，但是在這些需求中，真正是自己需要的卻不多。尤其是在職場，誘惑更是無處不在，業外收入很容易讓我們迷失方向，權力也易讓我們丟失了最真的自己。可是這些真的是你內心最想要的嗎，沒有了這些，你的生活真的會陷入困境嗎？如果不是，那請你放下內心的欲望，多一點知足，這樣你會活得更加幸福。

莫妍之所以想要跳槽，是與他們進行了比較後才產生的想法。也就是說，與他人的比較激起了她內心的欲望，可是對於職場人而言，這種盲目的跳槽只會讓你越跳越糟，畢竟職場圈子就那麼大。所以，跳槽必須要三思而

後行，如果你能越跳越好，那麼鼓勵大家跳槽，但若你只是為了跳槽而跳槽，那勸你還是好好守著眼前的「胡蘿蔔」。否則，到最後，沒得到別的不說，還會丟了手中的「胡蘿蔔」。

第 30 章　閒聊也是一種投資

浪跡法則三十：職場閒聊並非無聊，反而是對職場人生的一
種投資。

在許多人看來，與其跟同事們閒聊還不如多做點工作提高業績。也有一
些人認為，避開閒聊則讓自己置身於流言蜚語之外，卻不知在避開閒聊的同
時，也避開了與同事處好關係，獲取職場資訊的機會。

可以說，職場上的閒聊不僅僅是放鬆心情，融洽和朋友的感情這一點，
反而多了一些實際意義。職場人可以在與同事和上司的閒聊中了解他們，和
他們打好關係，獲取一些有用的資訊，這些都能讓你的職場之路走得更為順
暢。所以，作為職場人應該抓住每一個和上司閒聊的機會，為自己的成功增
添籌碼。

當然，如果與同事尤其是上司閒聊時措詞不當，不僅不會為你的成功增
添籌碼，反而會讓上司對你產生負面的印象，影響自己的晉升之路。因此，
在與同事和上司閒聊時應注意以下規則：

（一）　閒聊的話題應該是輕鬆愉快的，語氣也應該是溫和的。不過你也
　　　　不能因為放鬆而讓自己忘記了彼此的身分，像和朋友聊天那樣無
　　　　所顧忌的開玩笑是不行的。因為他們雖然在與你閒聊的時候也表
　　　　現得很隨和，但在他們心裡始終是有些顧及的，尤其是與上司閒

聊時，更應認清身分上的差異，否則會讓他們覺得很不舒服，當然了，上司不舒服，痛苦的自然是你了。

(二) 職場中沒有那麼多的偶然現象，包括上司和你閒聊，都可能是他們事先安排的。閒聊能增加上司與下屬之間的了解，也能增進彼此的感情。如果你心不在焉的嘻嘻哈哈，上司就會有些受辱的感覺，也會覺得與你這種人閒聊很累。

(三) 適時的迎合上司。如果上司的話題引到了一個你不熟悉的領域，切不可不懂裝懂，你可以和上司說：「對於這方面我不是很了解。」然後做一個合格的傾聽者。

(四) 最好是聊一些能達到一致的話題。比如你們都喜歡美容，又同時都是美容院的常客，那麼你可以把話題引到這裡來。或者你們都喜歡美甲，同樣也可以以這個為談話內容。兩個人在某點事情上達成共識，會極大的推動你們的關係。而那些容易產生分歧的話題，則要盡量避免。

(五) 兩個人在一起聊天，最重要的內容就是以前發生過的往事。當你的上司正在跟你講當年的他是如何厲害的時候，你千萬要適時的讚嘆幾句，這樣才能給他繼續講下去的動力。如果他在講自己的得意之事，而你卻毫無反應，肯定會讓他十分不高興。

(六) 閒聊不是匯報工作，所以有什麼好笑的事情你就儘管笑出來吧！沒人喜歡兩個人繃著臉聊天，包括你的上司。

(七) 不要嚼舌根。或許在許多人看來，和上司閒聊是打擊競爭者最好的時機，這樣的想法大錯特錯。你在兩個人閒聊的時候打擊競爭者，馬上會引起主管的警覺，整個氣氛都會因此遭到破壞。

(八) 不妨學學上司的小動作。如果你的上司喜歡蹺二郎腿，你也學著

蹺蹺。他喜歡思考問題的時候摸耳朵，你也學著摸摸耳朵。不要以為這是小孩子在遊戲，其實這是一種在談判中經常用到的策略，你可以把這種策略用在和上司閒聊當中，這樣會增加他潛意識裡對你的認同感。

［案例］

　　莫妍並不是一個多話的人，可是最近她卻愛上了與同事們閒聊。以前她覺得與其站在那裡跟大家聊一些無聊的話題，還不如坐在電腦前看看新聞，了解一下娛樂圈裡的八卦。可是李穎的一句話，卻讓莫妍意識到了事情並非如自己所想的那樣。

　　那天休息時間，大家坐在一起聊天時，莫妍跟往常一樣，打開網站看起了新聞。過一下子，李穎跑過來坐在莫妍旁邊一副欲言又止的樣子，莫妍以為她有事相求，便大方的開口道：「有什麼事，說吧！」

　　「嗯，那我說了妳可不許生氣。」李穎有些不放心的說。

　　李穎小心翼翼的樣子讓莫妍感覺到問題有些嚴重，於是便收起了玩心，認真的說道：「到底什麼事，講得這麼嚴重。」看著李穎仍有些不放心的樣子，莫妍承諾道：「說吧，我不會生氣。」

　　得到了莫妍的承諾，李穎鬆了一口氣問道：「莫妍，妳是不是討厭我們？」

　　李穎的話讓莫妍有些意外，但更多的是震驚。儘管自己與大家還沒到那種互訴衷腸的地步，但怎麼說也與討厭扯不上關係吧！可是李穎為什麼會有這樣的想法呢？帶著迷惑不解，莫妍問道：「為什麼要這樣說，妳這可是太冤枉我了。我與大家無冤無仇的，討厭根本是無從說起。」

　　李穎說：「是嗎？可是我覺得妳好像不怎麼喜歡我們。就像平常休息時間，我們都坐在一起閒聊，而妳卻很少參與到其中，難道這不是因為妳討厭

我們嗎？還是妳覺得我們聊的話題都過於幼稚？」

李穎的話讓莫妍愣了一下，自己平常是不怎麼喜歡參與到同事們的閒聊中去，但這怎麼跟討厭連在一起了呢，自己只是不多話而已。於是忙解釋道：「妳誤會了，我只是不怎麼愛說話。我怕我一句話不說的坐在那裡影響大家，才沒坐過去的。這倒好，反讓大家誤會我討厭你們。我看我是跳進了黃河也洗不清啊！」

「是啊，真的不是妳討厭我們？」李穎半信半疑的問。

「是，我保證，我說的絕對是真話。要是知道大家這樣想，我早就加入進去了，妳知道坐這麼遠偷聽大家說話可真不舒服，有時聽到一半，就聽不清楚在說什麼，那時候真想走過去，可又怕我這木訥的性格破壞了輕鬆的氛圍。」莫妍煞有介事的說道。

「哎，真是的。害我們還為此而鬱悶了好久。不過莫妍，像妳這樣可真不行，同在一個辦公室，大家都坐在一起聊天，就妳一人孤零零的坐在一邊像個沒事人一樣。不知道的還真以為我們把妳給拋棄了呢！」李穎白了莫妍一眼說。

莫妍說：「是，妳說得對，是我考慮不周，害大家誤會了。」

李穎拍了拍莫妍的肩膀說：「知道了就好。以後就別跟鬼一樣的坐在這裡了，既然在一起工作，當然這聊天也要大家一起聊。團結是什麼，團結就是力量，所以別再搞獨立了。」

「明白。我以後吃飯閒聊都跟大家站在同一陣線上。」莫妍笑了笑保證道。

「嗯，認錯態度不錯，不過以後還是要看妳的具體表現。」李穎故作嚴肅的說。

經過李穎這麼一說，以後辦公室裡的閒聊中多了莫妍的身影，而莫妍也

發現，雖然只是平常的說說笑笑，聊的也都是一些眾所周知的事情，可是大家坐在一起聊，感覺上親近了許多。而且莫妍也發現，閒聊並非如自己所想的那般無聊，相反還能學到一些東西，尤其是對報社裡每個人背後的底牌和王牌有了大概的知曉，這對自己以後的辦公室裡的生存是有百利而無一害。

有時候，面對面的溝通並不能真正的拉近人與人之間的距離，相反，輕鬆愉快的閒聊反倒更易於增進人與人之間的感情。身在職場，或許是出於對八卦的迴避，也或許是出於個人自身的問題而不願參與到辦公室的閒聊中去，都是不提倡的。就像莫妍，因為個人原因而很少參與到辦公室的閒聊中去，結果使得同事之間少了溝通，造成了同事之間的誤會。

其實，對於職場人士而言，閒聊並非無聊，反倒是一種投資，因為透過閒聊你可以增進同事之間的感情，使關係更為融洽。而且透過閒聊也可以對公司裡的事務有所了解，這樣一來，就可以有所準備的繞開辦公室雷區，免去成為炮灰的命運。

第 31 章　你是消費均分主義信徒嗎？

浪跡法則三十一：職場聚餐，最好採用消費均分制，這樣做對同
事之間的感情有好處。

　　職場上的同事在一起聚餐是經常的事情，這本有益於同事之間的相處。
可是聚餐總是會涉及到金錢的問題。因為吃完飯後要有人去結帳，一個人請
大家吃飯，如果選擇規模較好的餐廳，開銷肯定也不會小。下次，如果這些
聚餐的人之中另一個人也請大家吃飯，但是花費很少，大家吃得也不開心的
話，那麼不但其他人心裡不高興，上次請客的人心裡更不高興。

　　當然了，如果所有參加聚餐的人都輪轉著分別各請一次，那麼即使是餐
廳等級有所高低，儘管會讓人心裡有些不快，但問題並不嚴重。可問題是，
這個世界上自覺的人並不多，而想著占便宜的人也不是沒有。如果同事聚餐
出現一人請客其餘全是蹭飯吃，或者是大家都請了客，但其中一兩個卻總是
做白吃一族，那麼此類的聚餐不僅不會增進同事之間的感情，反而會破壞辦
公室裡的和諧關係。

　　為了避免這種情況的發生，最有效的方法就是消費均分制，無論是錢多
還是錢少，大家一起分擔。這樣就不會存在誰花得多，誰花得少的問題了。
可能剛開始實行消費均分制的時候大家心裡可能會有些彆扭，但我相信，等
到做上一兩次，那也就沒什麼了。最重要的是，這種方式不會影響同事之間

第 31 章　你是消費均分主義信徒嗎？

的關係。

[案例]

　　剛進公司的那時候，多虧了一次次的飯局，莫妍與同事們的關係有了進一步的發展。因此，在之後的工作中，只要是辦公室裡的聚餐，莫妍都很少錯過。不過最近讓莫妍感到奇怪的是，有時候聚餐，同事們好像都有心避開她似的。

　　莫妍知道，以前聚餐時，那些每次吃飯跑在最前面，但是付帳總落在後面的人，大家會心照不宣的排除在外。可是自己也沒有不付帳啊，只是最近購買的股票下跌，讓她手頭並不寬裕。所以最近兩次付帳時，莫妍並沒有像以前那般積極。可是這也不可能成為同事們避開她的原因，因為自己連著付好幾次帳的經驗都有。那麼問題到底出在哪裡呢？

　　莫妍知道自己必須盡快找到問題的癥結之所在，不然任事情這麼發展下去，那自己有可能會成為辦公室裡的邊緣人。

　　這天，莫妍正在上廁所，從洗手臺那裡傳來了談話聲：「今天晚上去哪裡，前一次那家餐館的烤肉不錯，我上次還沒吃過癮呢！」

　　「嗯，我也覺得那家店裡的烤肉味道很正宗，要不今天跟大家說去那裡吧！」

　　「好，那就這麼定了。那還通不通知莫妍？」

　　「我看還是算了，在我們這個飯圈可全憑自覺，如若因為一個人吃白食而影響了整個圈效仿，那以後誰還敢一起吃飯。妳也看到了，大家都對她前兩次故意不付帳而有意見。還是別因為她而影響了大家整晚的心情。」

　　外面傳來的對話讓莫妍真是有苦說不出，沒想到自己僅兩次沒付帳就受到排斥，可是以前好幾次自己連著付帳的事他們怎麼不說，真是一群勢利的傢伙。雖然對他們的所作所為有些許不滿，但是從廁所出來後，莫妍的心情

就一直很鬱悶。

　　下班後，看著不約而同走出去的眾人，莫妍有些落寞。而這一幕恰巧被正出辦公室的老杜看到：「莫妍，怎麼了，不去和他們一起吃飯？」

　　「去什麼去，我現在可是孤家寡人一個，被拋棄了。」莫妍有些提不起精神的說道。

　　「呵，這樣啊，要不今天去我家吧！我老公去外地出差了，孩子去他奶奶家了。我們倆聚聚餐怎麼樣？」老杜好心的建議道。

　　「啊，那好。」莫妍的心情豁然變好。

　　中途莫妍去超市買了一些菜和水果，畢竟第一次去老杜家，雖然家裡就她一個人，但是該有的禮儀還是不能少。莫妍打下手，老杜主廚，沒多長時間，三菜一湯便端上了桌。老杜還從她家酒櫃裡找出了一瓶紅酒，幾杯下肚，老杜問道：「以前聚餐妳不是常去嗎，最近兩次怎麼都沒去，是不是與他們鬧彆扭了？」

　　「前兩天我還不知道原因，不過今天偶然得知，是因為前兩次我沒付帳，所以被排出圈外了。可是他們怎麼不想想，以前多少次我掏腰包，他們卻只是白吃白喝。」莫妍有些憤憤不平的道。

　　老杜聽了莫妍的話，安慰道：「呵呵，這是很正常的現象，辦公室本來就應該這樣處理金錢關係。而且，吃飯的時候，是妳自己搶著要付帳的，也不能怪同事啊。本來大家一人一次，很是公平，妳卻搶著付帳，破壞了原有的平衡，同事之間怪妳還說不定呢！」

　　「我那不是為了打好與同事們之間的關係嗎？」莫妍辯解道。

　　「是的，妳的目的很好，但是妳所用的方法有所欠缺。人與人相處，最重要的一環就是金錢往來。君子之交淡如水的老話也並不是沒有道理。因為任何關係，一旦牽扯到了金錢關係，那將是扯不斷理還亂。可以說，如果掌

第 31 章　你是消費均分主義信徒嗎？

握不好人情與金錢之間的平衡，任何一方的傾斜，勢必會破壞之間的關係。而妳的多次付帳與近兩次的不付帳就破壞了你們之間所存在的平衡。或許妳付帳的時候，大家以為不用自己掏腰包，自然沒有什麼意見。可是妳的不付帳，使他們的利益受到了傷害，因此他們把妳排斥在外，也不是什麼大驚小怪的事了。」

老杜算是讓莫妍腦子轉過了彎，但也接受了這次教訓。她覺得既然付出沒有回報的話，那麼自己幹嘛還要搶著付帳。所以，經過這一次，與同事們再次建立了飯友關係後，莫妍再也不搶著付帳了，而是遵循這個圈的規則，開始一人一次的付帳規則。後來，不知是誰提出了消費均分制原則，這個小圈子裡又實施開來。而莫妍明顯的感覺到，這個消費均分制比一人一次制還要好上許多，因為無論誰選擇的餐廳，大家都不會因為餐廳等級的高低而有所抱怨。

莫有金錢往來，這是人際關係中最重要的一環。請客吃飯、享受美味本是一件值得高興的事，可是若因付帳問題而引起眾人的不快，那不僅達不到聯絡感情的目的，而且還會因此而破壞彼此之間的關係。就像莫妍所在的辦公室，原是本著聯繫同事之間感情的目的而建立了飯友關係，並且形成了一個小圈子，可是由於莫妍不按規則的搶著付帳，到後來因為個人經濟問題而沒能付帳，結果使她被排除在了飯友圈子外，結果感情不但沒聯繫好，反倒是他們之間的關係變得更差。

可見，在職場環境中，任何搶著付帳的行為並不會讓別人有欠你人情的想法，但如果你不付帳，則會引起大家的不平。因此，和同事在金錢關係上還是實行消費均分制，才是一種明智的選擇。

第 32 章　公平說說可以，但千萬別當真

浪跡法則三十二：公平說說可以，但是把它當真，只會讓你很受傷。

公平是一個讓我們很受傷的詞，因為我們一直都渴望公平、一直都追求公平，但每個人都在製造不公平。可以說世界上從來就沒有公平的理想國，只有幻想公平的烏托邦，人生從來就是不公平的。如果你不承認，那麼先讀讀下面這個故事。

有這樣一個故事：有 10 個孩子在鐵軌上玩耍，其中 9 個孩子都在一條嶄新的鐵軌上玩，只有一個孩子覺得這可能不安全，所以他選擇了一條廢棄的、鐵鏽斑斑的鐵軌，並因此遭到另外 9 個孩子的嘲笑。可正在孩子們玩得專心的時候，一輛火車從嶄新鐵軌上飛速駛來，讓孩子們馬上撤離是來不及了。但是，如果你正在現場，就會看到新舊鐵軌之間有個轉轍器，如果你把轉轍器換到舊鐵軌上，那麼就只有一個孩子失去生命，如果不換，你就只能眼睜睜看著 9 個孩子喪身在車輪下。現在，火車馬上就要駛過來了，你該怎麼辦？

看到這個問題後，相信大多數的人都會選擇換。雖然每個人都應該為自

己的錯誤付出代價，但是面對 9 個生命和 1 個生命，人們會近乎本能的選擇 9 個而放棄 1 個。是的，那個孩子是無辜的，他不應該承擔別人的錯誤，但是生活中人們很難做到公平公正。所以，不管你承認還是不承認，生活本來就不公平，這是無可逃避的事實。所以，作為一個成熟的職場人，要時時刻刻明白這一點，以平常心、進取心來改變自己的生活和工作，通向成功的彼岸。

雖然面對辦公室裡的不公平，我們不可以抱怨，但我們是不是除了無可奈何，就什麼都不能做了呢？不是，我們能做的還很多。

（一）不可能事事公平，所以不必過於苛求

要知道，陽光公平的灑向大地，卻還是有地方被陰影覆蓋。公平是一種理想狀態，但卻不總是存在。過於苛求公平的人只是自尋煩惱。

（二）有時候不是不公平，是你不夠成熟

總有人覺得自己埋頭苦幹，卻沒有那些「溜鬚拍馬」的人得到的多，其實這是一種職場生存的技能，只是你沒有學會而已。

（三）就算不公平，我們也應該當作是公平

當你覺得自己沒有被評選上優秀員工的時候，為什麼不多找找自己身上的原因，也許是某一點小小的因素掩蓋了你的努力呢！

世界上沒有絕對的公平，所以當我們生氣的咒罵辦公室潛規則環境不公平的時候，不妨換一個角度來想，為什麼我會遇到不公平。發現原因，再去改變它，豈不是比你怨天尤人好很多？

所以，面對不公平，我們的態度應該是：坦然面對它！努力適應它！力

爭改變它！這才是一個成熟的職場人應該具有的態度。

[案例]

　　吳莉來報社比莫妍晚，莫妍發現，吳莉每天都遲到、早退，還常常很長一段時間不來上班。起初莫妍以為吳莉是被安排去做什麼工作了，還因為她的時間可以自由安排而心生羨慕。

　　可是有一天，莫妍發現吳莉兩天都沒有來上班，但在網路通訊軟體是上線的狀態，於是就問候了一聲：「吳莉，妳是不是有什麼重要的事情出差了啊？這兩天在辦公室都見不到妳的人影。」

　　發過去沒多久，吳莉回覆過來說：「沒出差啊，我一個朋友來這邊玩，我陪著她逛街呢。」

　　看到吳莉的回覆，莫妍心裡有些不好受，畢竟前段時間她媽來看她的時候，王虹都沒幫她准假，沒想到吳莉只是朋友過來玩，就准了假。

　　但最讓莫妍感到氣憤的是，等到十號發薪水的時候，莫妍發現吳莉的薪水和自己的一樣多，雖然她每天遲到、早退，而且還時不時的請假，但是卻拿全額的薪水。恰巧有一天，莫妍有個朋友出了點事，於是莫妍便和劉燕說了一聲，就提前下班了。

　　等到了發薪水的時候，莫妍發現，自己的薪水竟然被扣掉了，全勤獎沒有了。雖然錢不多，但這種明目張膽的不公平把莫妍徹底惹毛了，直接衝到王虹的辦公室，質問道：「王主任，這也太不公平了吧，吳莉遲到早退，甚至是因為私事而休假都不扣一分薪水，還算全勤。可我只是早退了一天，就扣我薪水。同在一個辦公室，這待遇差距也太大了吧！」

　　等到莫妍說完，王虹只是看了她一眼，低下頭去邊看手裡的資料邊說道：「妳早退這是事實，報社扣妳薪水是應該的，至於吳莉是否應該扣薪水，這不是妳應該管的事。好了，我還有工作要忙，沒什麼事的話去工作吧！」

第 32 章　公平說說可以，但千萬別當真

　　莫妍還想說些什麼，可是看著王虹一副不願理睬的樣子，莫妍知道，今天說再多都無濟於事，於是便轉頭往外走去。快要走到門口時，只聽王虹淡淡的說道：「以後遇到這種事，先打聽清楚了，再考慮應不應該發脾氣。」

　　王虹一句話，讓莫妍有些不甚明白，可是轉過頭去看王虹一副答案自己去找的樣子，便拉上門走了出去。不過一出辦公室，莫妍便直奔李穎的辦公桌。「李穎，向妳打聽個事。」

　　「說吧，什麼事？」李穎儲存了桌面上的檔案說。

　　「妳知道吳莉月月全勤的事嗎？」莫妍小聲的問道。

　　「知道啊！怎麼了？」李穎像看外星人一樣的看著莫妍說。

　　「怎麼了，她每天不是遲到就是早退的，居然還能拿全勤。妳說這怎麼了？」莫妍仍一臉氣憤的說道。

　　「噢，這事啊！沒辦法啊！誰讓她跟社長是親戚呢！」李穎有些涼涼的說道。

　　聽到李穎的話，莫妍有些傻眼了。現在她終於明白，王虹那句「打聽清楚」是什麼意思了。看來自己跑去王虹那裡大喊不公平，簡直就像是一個小乞丐跑到國王那裡質問，公主為什麼什麼工作都不做，就可以享受衣來伸手、飯來張口的生活，可自己每天努力工作，仍然是食不飽衣不暖。

　　身處職場，不能要求絕對的公平。過於執著只會讓自己心裡承受巨大的壓力。有份知名的商學院教材上指出：如果你想成為一個職場的成功者，那麼，請永遠不要為職場的不公平而抱怨。

　　其實吳莉所享受的特殊待遇，辦公室裡的其他人都清楚，可是為什麼只有莫妍打抱不平，關鍵在於她沒有弄清楚事情的根本原因，結果使自己成為了辦公室裡的出頭鳥，不僅影響了自己與吳莉之間的關係，還很可能因此而得罪的吳莉背後的靠山，使自己的職場之路更為艱辛。

所以，有些時候，即使看到了不公平的現象，也不要隨意和上司進行爭論。也許你的上司曾經遭受過比你更加不公平的待遇。記住，在職場上，最重要的是多做、多觀察，而不是一直尋找公平的待遇。

第33章　溝通是一種武器

浪跡法則三十三：與其坐等上司的青睞，不如主動溝通，才能為你的職場之路打開一扇光明的大門。

上司與下屬，由於所處的地位不同，思考問題的角度也會有所不同。很多時候，即使是同樣的事情，也很難想到一塊去。就像上司覺得下屬工作不夠認真，才使得工作任務不能按時完成，而下屬則抱怨上司下達的工作任務過重，所發的薪水過低。可以說，上司與下屬永遠是一個矛盾體，但是這個矛盾體又必須相互依存。

與其相看兩相厭，我們為何不改變一下自己，讓溝通來創造出一種和諧而良好的工作氛圍呢！

其實，上司與下屬之所以矛盾重重，關鍵在於溝通不夠。在辦公室裡，職位是一個很敏感的問題，如果上司的態度過於強硬，自然會傷及下屬的自尊心，讓他想盡一切辦法來打倒你。而下屬的態度稍有不馴，上司的權威則受到了挑戰，如此一來，上司也會想盡辦法來維權，樹立自己的威信。結果便是上司與下屬之間的矛盾一天天加重。

看來，上司與下屬要想溝通，首先要對自己有一個準確的定位，態度要誠懇。尤其是上司，與下屬溝通的時候，一定要放下自己的高姿態。而作為下屬，我們也不能一味的看低自己，必要的時候應該主動去敲上司的門，因

為在職場上，沒有誰能在默默無聞中得到升遷。可以這樣說，一個人在職場上混，若是不懂得溝通的技巧，那麼你就沒什麼明天可言。

當然了，這裡的與上司溝通，並非是獻媚，而是獲得成功所必備的武器。那麼作為下屬，當你與上司溝通時應該注意哪些方法和技巧呢？

（一）你對上司的評價不能說

說出自己對上司的評價，這是職場大忌。因為你全說好，則上司覺得你在獻媚；你若說太多缺點，上司則很可能記在心裡將來找你麻煩。關於上司的評價，你最多提及非常細微而且無傷大雅的缺失，絕不可當面討論。

（二）簡潔是溝通的方法

老闆都是講求效率的，故而最不耐煩長篇大論，沒完沒了。因此，你要引起老闆注意並很好的與老闆進行溝通，應該學會的第一件事就是簡潔。簡潔最能表現你的才能。莎士比亞把簡潔稱之為「智慧的靈魂」。用簡潔的語言、簡潔的行為來與老闆形成某種形式的短暫交流，常能達到事半功倍的良好效果。

（三）「不卑不亢」是溝通的根本

無可否認，老闆喜歡員工對他尊重，但如果你唯唯諾諾，不知所措，老闆也不會喜歡。不卑不亢這四個字是最能折服老闆，最讓他受用的。員工在溝通時若盡量遷就老闆，就會適得其反，讓老闆心裡產生反感，反而妨礙了員工與老闆的正常關係和感情的發展。你若在言談舉止之間，都表現出不卑不亢的樣子，從容對答。這樣，老闆會認為你有大將風度，是個可選之材。

（四）用聆聽開創溝通新局面

傾聽比滔滔不絕更重要，老闆不喜歡只顧陳述自己觀點而不聽取別人意

見的員工。在相互交流之中，更重要的是了解對方的觀點，不急於發表個人意見。以足夠的耐心，去聆聽對方的觀點和想法，是最令老闆滿意的。這樣的員工，才是主管看重的人選。

（五）不能高談闊論自己的職場目標

每個人的職場目標最好都是記在心裡，而不是掛在嘴上。如果你把奮鬥目標告訴上司，而恰恰這個目標比上司的位子還要高一點，那你的結局就可想而知了。

（六）貶低別人不能抬高自己

在主動與老闆溝通時，千萬不要為標榜自己，刻意貶低別人。這種褒己貶人的做法，會讓老闆懷疑你的溝通動機。當你表達不滿時，要記著一條原則，那就是所說的話對「事」不對「人」。不要只是指責對方做得如何不好，而要分析那樣做會有什麼不好的結果，這樣溝通過後，才能獲得老闆的認可。

（七）用知識說服老闆

對於日新月異的科技、變化迅猛的潮流，你都應保持應有的了解。廣泛的知識面，可以支持自己的論點。你若知識淺陋，見解幼稚膚淺，對老闆的問題就無法做出有效的回答，時間長了，他對你就會失去信任和依賴。

［案例］

經過吳莉這件事，莫妍認知到，在辦公室裡和同事們打好關係沒錯，但是對自己的升遷存在關鍵性作用的還是大人物。比如說吳莉，雖然業績一般，但是由於與王社長沾一點親，待遇就大有不同。

反觀自己，雖然幫王社長修過好幾次電腦，可是與王社長的關係卻一直

停留在最初階段。這也只能怪自己不懂得把握機會，若是有點常識的人都會利用此機會來加深一下感情。自己倒好，每次電腦一修完，撒腿就跑，好像王社長是洪水猛獸一樣。

這天，王社長辦公室的電腦又出現了問題，莫妍覺得自己應該好好把握這次機會。不過，可能是心裡藏了想法，莫妍有種做賊心虛的感覺。偷偷瞄了幾眼坐在沙發上用筆電的王社長，莫妍找了一個與電腦有關的話題問道：「王社長，你桌面上打開的檔案有存檔嗎？」

「有兩個檔案好像沒有存檔。怎麼了？」王社長想了想回答道。

「是這樣，電腦必須得強行關機才行。所以你沒儲存的檔案可能會消失。」莫妍解釋說。

「這樣啊，要是實在不行，那就關機吧。到時候我再重做一份好了。」王社長做出了決定。

有了王社長的允許，莫妍便毫不猶豫的按下了關機鍵，隨後看著王社長手裡的筆記型電腦說道：「王社長，這款蘋果筆電是市面上的最新款吧！」

「可能吧，不過買回來倒是沒多長時間。」王社長停下了手裡的動作，重新打量起自己手裡的電腦來。

「嗯，你這款我只在海報上見過，而且價錢也不低吧！」莫妍感到王社長的注意力已經被引到了電腦上。

「還行吧，不就是圖這款品質好嘛！」王社長故作謙虛道。

莫妍的話顯然讓王社長很受用，於是便繼續說道：「嗯，品質方面我不好說，不過我看著你用起來手感很好的樣子。」

「嗯，這款電腦確實比以前用過的幾臺都順手多了。」王社長認同的說。

「看來，這臺電腦雖然價錢貴了點，但也是物有所值。王社長工作能力這麼強，這手裡的好槍也是功不可沒。」莫妍在說電腦好的時候，順帶拍了一

下馬屁。

「沒錯，這槍好使了，才能打勝仗。」王社長的臉上出現了笑容。

「與王社長相比，我可就差遠了。」莫妍又適時的送出了一個馬屁。

「你們是幸福生活下成長起來的新一代，哪像我們是從苦日子裡摸爬滾打熬過來的。所以啊，一定要好好珍惜現在的幸福生活。」王社長語重心長的開導說。

「嗯，要是我生在以前的年代，還真不知道能不能活得下來呢！」莫妍有些底氣不足的說。

「呵呵，人是有很大的潛力的，一旦被生活和環境所迫，定能爆發出驚人的力量。所以，成功從一定程度來說，是生活逼迫出來的。」王社長深有感觸的說道。

「這方面，我還真沒嘗試過。」莫妍有些羞慚的說。

「所以說，你們出生的年代好你們還不信，說什麼房價太高，說什麼物價太貴，我看純粹是無病呻吟。把你們一個個丟到戰爭年代，別說是物價高了，就連吃不吃得飽都是問題，甚至下一秒能否活著還是一個未知數。所以，年輕人，要學著多吃點苦，這樣，妳就知道自己生活在一個多麼美好的時代了。」王社長完全一副長輩教導晚輩的口吻。

「是，王社長你說得對。」莫妍一副受教的樣子。

王社長看著眼前這個長相一般的女孩，忽然覺得她以後的發展不可限量。好像每次來幫他修電腦的時候大多都是默默無聞的，而且她與李楓的事他也清楚。這個女孩有自己的底線，但也並非一味的堅持原則，相反，一定範圍內的事情她會圓滑處理。就像今天主動跟他搭話，就是原則下的變通。王社長忽然意識到自己應該多多注意一下這個女孩，或許她以後的成績會比自己更優秀。

曾經《守株待兔》的故事讓我們哈哈大笑。可是換一個場景，我們卻仍重複著那痴傻的行為。可以說，職場裡那些坐等上司青睞的人與那守株待兔的人無異。如果你自己不行動起來，怎麼能肯定上司一定會注意到你呢！你要知道，現今的職場，到處都是金子，如果你不是最亮的一顆，那就請你自己主動跳到賞金人的眼前。

　　莫妍認知到王社長會對自己的升遷有著很大的幫助，於是便改變一往的處事方法，主動跟王社長搭話。顯然，她的主動策略是正確的，因為王社長終於注意到了埋沒在人群裡的她。正所謂千里馬常有，而伯樂不常有。但在人才聚集的職場上，一味的站在角落裡等待著伯樂的發現，顯然過於被動。我們應該主動去敲上司的門，把自己推銷出去，這樣，即使是伯樂少有，我們遇到的機率也比坐等到的大。

　　因此，不要把你的上司視為洪水猛獸，也不要認為與上司溝通是一件難事。其實只要你把他看成是一個普通的朋友，那麼溝通不僅會很自然，而且還很有趣，最重要的是，當你主動與上司溝通的時候，你就等於是把自己放到了聚光燈下，到那時，你就是不想發光也難。所以，不要坐等上司的青睞，而要主動去敲他的門，讓溝通成為你成功路上一種強有力的武器。

第 34 章　加薪也要講究策略

浪跡法則三十四：加薪並不是一年年論資歷的，而是經過有效的
策略來獲取的。

在職場中，老闆與員工的關係歷來就是一個矛盾的統一體。對於老闆來
說，他總是希望薪水少發一點，效率提高一點。對於員工來說，他總是希望
薪水多拿一點，工作少一點。在這種矛盾的博弈中，自然就會產生諸多的權
衡和抉擇。而這也更加說明了要想加薪並非是一件容易的事。

但是沒有一個員工不想獲得豐厚的薪水，畢竟它不僅能讓你擁有更加優
越的生活，同時也證明了你自己的能力。可是在現實中，我們時常會看到這
樣一種現象，自己同樣付出了諸多的努力，但是，到了最後的關頭，卻什麼
都沒有得到，而另一個傢伙非但加了薪，甚至還得到了升遷。這樣的事情比
比皆是，屢屢發生。

事實上，這其中就隱藏著公司在替員工升遷加薪時的另一個潛規則，你
若對此一直都是毫無要領，那麼，等到你身邊所有的同事都得到了升遷和加
薪，你依然還是一無所獲，甚至陷入危險。也就是說，升遷加薪是講究策略
的，如果你沒有勇氣向老闆提出加薪，或者是毫無策略的就要求加薪，那加
薪真的就無望了。當然，當上司允許可以提加薪申請的時候，我們也不能獅
子大開口，那不僅不符合現實，而且也有損你在上司心目中的形象。當然也

不能因此而不提或者是提得少，畢竟付出勞力就要獲得回報。如果你付出了勞力卻無法得到相應的回報，這種傻事沒人會做。那麼，要求加薪都有什麼策略呢？以下幾點可借鑑：

（一）加薪，必須自己提出申請

每個人都認為自己應該得到加薪，自己的付出應該得到公司更高的獎賞。但是，好像跟上司提出加薪的要求總是很難，大部人都是顧慮重重，擔心上司的臉色會因為加薪的要求而變得十分難看，會因為加薪的要求而大發雷霆，甚至會因為加薪的要求炒了自己的魷魚。這些原因導致了大部分人都不會自己去爭取，反而坐等著公司主動好心的為其加薪。

事實上，你應該很清楚，從來不會有這樣的好事從天而降，每一個老闆都是十分摳門的，就算是在大範圍的加薪活動中，還會分個厚薄輕重。

所以，請千萬不要做「無要求」的一類，你想要得到加薪，就必須自己主動提出申請。

（二）申請加薪的最佳時機

為了使自己加薪的主張能夠得到上司和公司的支持，那麼，必須要掌握一個合適的申請時機。

這樣的最佳時機通常只有兩個：其一，公司正是財大氣粗、業績衝天的時候。比如說公司剛剛獲得政府撥款支持，或是剛剛做成一個大型專案，財務上十分的充實盈足；其二，自己剛剛完成某項工作任務，為公司做出重大貢獻，公司進行論功行賞的時候。

（三）申請加薪的技巧

有了加薪的主觀意願，又有了加薪的最佳時機，接下來，就應該要準備一個充分的加薪申請。

首先，你要明確的列舉出自己距上次加薪以來所獲得的重大成就和突出表現。比如說為公司贏得了大單，獲取了鉅額利益；比如說為公司開源節流，節省了大額支出。充分的資料比一切言語都來得令人信服，所以，這些將成為你要求加薪的有力證據。

其次，你應該要做好功課，了解自己這個職位在市場上的普遍薪資標準，然後提出一個合適的薪金要求。（一般的加薪要求漲幅為 10%）

最後，你應該寫一份簡單明瞭的加薪申請報告，涵蓋上述兩點，用來向上司表達自己的要求十分合理，並不過分，證明自己的價值完全配得上自己所提出的加薪要求。

（四）加薪申請的錯誤禁忌

即使是掌握了最佳的申請時機，滿足了所有的加薪條件，也並不意味著這樣的加薪申請一定能夠得到上司或是公司的支持。在這其中，我們經常會觸犯一些錯誤禁忌，從而喪失了寶貴的機會，甚至會威脅到將來的前程。

［案例］

以往，新一年開始的時候，每個人的薪水都會根據報社的規定有所改動。可是今年報社卻下發通知，說是每位員工都可以再寫一份申請，註明自己期望的薪資金額，然後經過報社考核，決定是否允予你所提的報酬。

通知剛下發下來，辦公室立刻吵成了一窩蜂，大家都七嘴八舌的討論著應該提多少合適。聽了一大圈，大家的要求都不盡相同，有報五千的，三千的，甚至是兩千一千的都有。這讓莫妍也有些不知道該提多少了。顯然，這件事請教辦公室裡的人也是白搭，看來還是得找李楓取經。於是便打電話約了李楓一起吃飯。

到了約定的地點，李楓第一句就拿莫妍尋開心：「哎，能讓我們的莫大

編輯請客還真不容易啊！今天我可是中午飯都沒吃，就留著肚子等妳這一頓呢！」

「好，今天你想吃什麼就點什麼，千萬別客氣。不過我的問題你負責解決。」莫妍爽快的答應道。

「哼，我就知道，讓妳這個鐵公雞撥出毛來準沒什麼好事。妳說我吃頓飯容易嗎？」李楓一改平時的精明幹練形象，一臉委屈的說。

「大哥，天下沒有免費的午餐。不過我的問題在我看來是個大問題，但對於你這個職場前輩來說就是小事一樁了，所以不要有任何的壓力。」莫妍一臉崇拜的說道。

「小事一樁，那好吧，先說妳的事，不然這飯還吃著真不踏實。」李楓放下手裡的筷子，一副洗耳恭聽的樣子。

「好吧，如果你堅持的話。」莫妍停了一下，看李楓仍沒有任何動筷的跡象，於是便繼續說道：「我們公司下發了一個加薪申請通知，意思是我們根據自己的需求先寫上一個大概數目，然後通過報社審查之後，再根據你的要求決定是否給予加薪。」

「就這事。」李楓一臉不敢相信的問。

「呵呵，以前都是按照合約提高薪水，這種讓自己提的事還是第一次遇到，所以心裡面沒底，就是想聽聽你的意見。」莫妍抓了抓垂在額前的瀏海，有些不好意思的說道。

看著莫妍女人味十足的動作，李楓心中一動，但又想到眼前這個自己深愛著的女人永遠不可能是自己的，心裡有些黯然，但也是轉瞬即逝，畢竟能這樣遠遠的看著她幸福也是好的，至少她偶爾想起的時候還會坐在一起吃飯，於是，便露出一個笑臉說道：「先聽我講一個故事怎麼樣？」

「故事，什麼故事？」莫妍有些不明白李楓的用意。

第 34 章　加薪也要講究策略

「等妳聽完了妳就會明白。」李楓丟給莫妍一記微笑說：有一個銷售員、一個辦事員和他們的老闆步行去午餐時發現了一盞古代油燈。他們擦油燈時，一個精靈跳了出來。

精靈說：「我能滿足你們每人一個願望。」

「我先來！我先來。」銷售員第一個跳到精靈的面前喊道：「我想去巴哈馬群島，開著快艇，與世隔絕。」

他剛說完，「倏」的一下，他飛走了。

看到同事的願望實現了，辦事員也耐不住了，趕忙跑到精靈面前說道：「我想去夏威夷，躺在沙灘上，有私人按摩師，免費續杯的冰鎮啤酒。旁邊還有一個美麗性感的女郎。」

「倏」的一下，辦事員也飛走了。精靈看了一眼最後一個人說道：「好吧，現在輪到你了。」

老闆氣定神閒的回答說：「我讓那兩個蠢貨馬上回來工作。」

結果剛到達巴哈馬群島的銷售員和夏威夷的辦事員，屁股還沒著地，又回到了原地。

聽完故事，莫妍明白李楓是想告訴自己，自己要求再多，如果老闆不同意也是瞎忙一場，還不如讓老闆自己去決定。

「李楓，我真是越來越佩服你了。好像這世上沒什麼問題能難得倒你。」莫妍開口稱讚道。

「得了，要真到了妳說的地步，我早成仙了。不過幫妳解決些小問題的能力還是有的。所以以後有什麼問題儘管找我就是，但前提是必須要酒肉伺候著。」李楓吃了一口桌上的飯菜說道。

「好，那是一定的。」纏繞了半天的問題解決了，莫妍明顯鬆了一口氣。看來，李楓先解決問題再吃飯的選擇很是明智。

第二天上班，莫妍就把加薪申請通知書交了上去，但她並沒有註明自己具體要加薪多少，而是很委婉的寫道：「我相信報社主管都是公平的，絕對不會虧待任何一個人。我也相信，主管會根據我的工作成績給予相應的回報。」

　　沒過幾天，辦公室裡的加薪決定發了下來，莫妍名列其中，而且比她想像中的要高出一千。相反，那些提出具體數字的雖然也相應的加了薪，但與他們的設想卻差了一段。

　　世界上沒有不想加薪的員工，但是讓老闆幫你加薪卻不是件易事，畢竟你的薪水越少，老闆所獲得的利潤就會越大。因此，想得到自己滿意的薪水，那麼策略不可少。為什麼辦公室裡的所有人都寫了加薪申請表，卻只有莫妍一個人得到了滿意的薪水，關鍵在加薪時所採取的策略上。

　　討價還價在生活中很常見，當買賣雙方中的一方提出了一個價位，雙方就會在此價的基礎上討還一陣，然後在妥協與讓步中做成買賣。而最後的結果往往是買價低於提出的價位。這跟加薪是一個道理，員工提出了一個自己認為合理的價位，最後主管決定的數字自然會低於你所提。但是莫妍並沒有明著讓上司替自己加多少薪，相反，而是以一句「根據我的工作成績給予相應的回報」。這樣一來，問題就丟給了上司，上司也會因為那份信任而好好盤算一下該加多少，而且上司一般也不會估太低的價。就像莫妍的薪水要比想像中的高出一千。因此，當上司要加薪時，別一心想著錢，而應想想運用何種策略，才能讓自己得到滿意的薪水。

第 35 章　獻愛心不僅要有愛還要有分寸

浪跡法則三十五：主管是學習的榜樣，任何時候你只能做得比他差，絕對不能比他好。

「千金散盡還復來」，能達到如此胸襟的人並不多，但是看到別人需要時，奉獻一點自己的綿薄之力來幫助別人的心還是有的。可是在職場，獻愛心可是一把雙刃劍，如果運用得好，不僅奉獻了一份愛心，還在主管那裡留下了好的印象。但若運用不好，愛心是奉獻了，可是你的職場之路也變得更為坎坷了。

或許你覺得獻愛心全靠個人意願，只要自己願意，即使是把全部家產散盡都行。是的，若是你透過社會上的愛心機構散盡家財，不僅沒人會說你什麼，而且還會大讚你是個好人。但是在職場上你卻不能讓自己太有愛心，你捐的一定不能比主管多。儘管主管口頭說讓大家依個人能力而為，但是你必須明白，不同級別的人捐不同級別的錢。比如，社長一萬，主任五千，員工一千，可謂是等級森嚴。

主管是學習的榜樣，道德品質上，他不最好，誰最好？所以主管捐錢要最多，下屬捐錢要比主管少。這樣綠葉襯紅花，有功勞得讓主管先沾，你才

能在公司這棵大樹上還能擁有一塊立足之地。

　　當然了，如果你一再堅持「走自己的路，讓別人去說」，硬是要去觸碰捐款潛規則的高壓線，那你就等著被刁難、被電吧！

　　所以說，要想繼續在職場上混下去，獻愛心可以，但別壞了規矩。要知道，力量懸殊，作為下屬的你根本就不是主管的對手。

［案例］

　　A地發生了特大土石流，聽到這個消息，莫妍的心中湧過陣陣的悲傷。儘管現在土石流已經停止，但是在網頁上看著從當地傳來的一張張圖片，莫妍還是聞到了一股股死亡的氣息。生命的如此脆弱，深深的震撼了她的心。

　　災情傳來，社會各界紛紛發動捐款，為災區的人們祈福。莫妍一聽說報社也發動了捐款，於是便毫不猶豫的把自己錢包裡的五千元全部捐了出去。「妳要捐這麼多？」看到莫妍遞過來的錢，財務部的呂丹有些不放心的問。

　　「哎，這多嗎？」莫妍有些反應不過來。心想，這捐款不是越多越好嗎，呂丹怎麼還嫌多啊？

　　「社長這次捐了三千。」呂丹意有所指的說了一句。

　　「社長捐了三千，那妳的意思是？」莫妍有些不明所以的問道。

　　「綠葉襯紅花，社長捐了三千，你卻捐五千，妳說這誰是綠葉，誰是紅花啊！」呂丹暗示性的說。

　　聽了呂丹的話，莫妍腦子裡一下子轉過來，對啊，自己怎麼都沒想到這一點，社長捐了三千，自己區區一個小職員卻捐五千。這不是讓社長難堪，指著鼻子罵社長小氣嗎？天吶，這幸虧被呂丹給提醒了，不然真捐出去了，那就天天等著社長找自己麻煩吧！

　　於是，莫妍便問道：「呂老師，編輯部裡的王主任捐了多少錢？」

　　「我幫妳看看啊！」呂丹翻著紀錄簿找著王虹的捐款紀錄，「噢，找到了，

王主任捐了兩千元。」

「謝謝妳啊，妳能不能再幫我看一下，劉燕還有李穎她們都捐了多少？」莫妍還是有些不放心的問道。

「劉燕捐了一千五，李穎捐了一千，老杜也一千⋯⋯」呂丹熱心的幫莫妍查看了每個人的捐款紀錄後說道。

聽呂丹把編輯部裡大家的捐款紀錄一說，莫妍心想：我還真以為盡自己所能呢，沒想到大家早就知道了捐款裡的規矩。幸虧呂丹提醒了自己，不然這五千元交上去，那自己以後就別想在這裡混了。既然老杜她們作為老員工捐了一千。那自己作為一個新員工，也不能比老員工捐得多了。這樣一想，莫妍對呂丹笑著說道：「呂老師，那我就捐一千好了。」

呂丹欣慰的笑了笑，然後把剩下的錢又還給了莫妍。

走出財務室，莫妍仍覺得背後涼颼颼的。忽然想到常在古裝電視劇裡聽到的一句話，「順我者昌，逆我者亡」。想想這句用在現代的職場可真是至理名言。畢竟自己的薪資、獎金、職位升遷都捏在主管手掌心裡，若是搶了風頭，做了逆臣，別說是獻愛心了，到時候自己也就成了被排擠的對象。

人們說花美，是因為由綠葉的陪襯。可一旦作為綠葉的你搶了紅花的風頭，那可不是鬧著玩的。尤其是作為職場中的你，任何時候都不能搶了主管的風頭。儘管公司對於捐款多少並沒有明文規定，但是作為員工的你卻必須清楚，員工不能比主管捐得多。王社長捐了三千，莫妍卻大方的捐了五千，幸虧在呂丹的提醒下，及時的糾正了過來，才沒有造成任何風波。

可以說，這次捐款的人很多，可違反潛規則的就莫妍一人，為什麼大家在獻愛心時，不約而同的循規蹈矩，不敢越雷池一步？就是莫妍被提醒後，也沒有堅持捐五千。因為這是潛規則高壓線，被電的滋味可一點都不好受。

第 36 章　拍馬屁也是職場上的生存之道

浪跡法則三十六：要想混得好，馬屁一定要會拍。

「拍馬屁」是一種現代職場上不可或缺的一種手段，「拍馬屁」也是人際交往中最佳的溝通方式。

「拍馬屁」是奉承、諂媚的意思，因此「拍馬屁」經常被人們所不齒。但是在現實的職場中，很多人都喜歡被人拍馬屁。

電視劇中拍馬屁最有代表性的人物是和珅，他是最會哄皇上開心的，其實主管也有這樣的心理，願意大家對他們說好話，誇獎他，稱讚他，試問哪個人會討厭頌揚自己的人呢？喜歡聽好話是極為正常的心理，重要的是可以在這種稱讚聲中，發現問題，找出解決的方法，這樣的主管才是好主管。

或許在許多人看來，只要自己有能力，認認真真的工作，踏踏實實的做事，主管就會清楚，早晚有一天，也會得到大家的認可，當然這樣做不是錯的。但是拍馬屁者，如果沒有一點的工作能力，只會亂說話，早晚也會一事無成的，因為主管又不是傻瓜，他們需要一些能做事的人，就像清朝有了劉墉為皇帝辦事一樣，皇帝離不開弄臣，也離不開清官，一樣的重要，而主管自然也是如此，離不開有能力為他們辦事的人，也離不開那些可以隨時明白

他們心意，為他們做事的人。

最好的辦法，就是一個有能力的人，不妨學得圓滑一些，在工作時也拍點馬屁，有點能力，又會說話的人，最得主管喜歡。有時候「拍馬屁」還可以建立良好的人際關係，使自己的工作得以順利完成、目的得以順利實現的一種方法。「拍馬屁」並不是要讓你不分場合的亂拍一氣，成功的奉承是一種為人處世的技巧。不要看不起那些會「拍馬屁」的人，真正換成你，你不見得就比別人強，「拍馬屁」其實也可以說是現代社會的交際能力和溝通能力。

可以說，上司與下屬相處的時候就跟談戀愛一樣，交流感情非常重要，彼此說幾句無傷大雅的恭維話，只不過是為了融洽一下氣氛，增加上司對自己的好感和了解，增加下屬對上司的忠誠度。

也有些人說，我也想拍拍上司的馬屁，可總是找不到什麼值得讚美的地方，其實再令人討厭的上司也會有優秀的一面。再無能的下屬也有他存在的價值。尋找別人的長處來誇獎，並不是什麼難事。馬屁可以成為職場人士溝通感情的重要橋梁，特別是上司和下屬之間，馬屁可以讓彼此更加了解對方，增進感情，提高工作效率。

但在上司面前拍馬屁，卻是很有一定講究的，否則把馬屁拍到馬腿上那就不好了。

（一）不要忘了在別人面前誇讚你的上司

雖然當著上司的面，直接給予讚美，也是奉承上司的一種方法，但是這樣很容易招致周圍其他同事的反感。而且，這種方式的效力也很小，甚至還會產生反效果。但在背後誇讚上司，那等到別人把讚美的話傳到上司耳中

時，會讓他對你更加信任。

（二）善於盡「槍手」的職責

如果你的上司不擅長寫辦公公文，或外務繁多，那麼作為下屬，你就應該發揮一下「槍手」的作用了。通常要在別人所寫的文章上進行刪減修改，是很容易的事。因此，你只需要先弄清楚該寫的內容，然後在工作的空檔動手寫稿，等到稿件完成後，先讓上司過目，一番增補修減後，讓上司光彩大增。因此，作為下屬，你要做的是不露形跡，默默耕耘，讓自己扮演幕後功臣，並安於這樣的犧牲，這就是對上司最強而有力的奉承。而且這種以上司為尊的行為，是一定可以打動上司的。

（三）認真對待上司無意的談話內容，並實踐它

對於上司偶爾吐露的話要牢記，並能找到恰當的時機加以實踐。當然，有時候上司的話和工作扯不上關係，但是做下屬的就應該有隨時聽候差遣的準備。在可能的範圍內，實現上司的願望。雖然上司說那些話並不期盼別人去實踐，只是用很平常的語氣說出，但是如果下屬能對上司的每句話都認真對待並實踐，一定會贏得上司的喜歡。

［案例］

按理說，像李穎這種愛八卦，破壞辦公室和諧關係的人早就應該被開除，可是時至今日，李穎還是安安穩穩的在辦公室裡待著。經過莫妍分析，李穎之所以闖了那麼多「禍」後還能穩坐編輯室，不能不歸功於她的善拍馬屁。

沒錯，就是讓莫妍很不屑的小人行徑 —— 拍馬屁。可是不僅社長和主任愛吃她這一套，就連自己也常在她的馬屁下敗下陣來。

就像那次，李穎偷看自己手機裡的簡訊，然後把汪晴借錢沒還的事傳得

沸沸揚揚，害汪晴誤會自己。莫妍怒氣沖沖的向李穎質問：「李穎，那天妳借用我手機的時候，是不是翻看了裡面的簡訊？」

看到莫妍的表情，李穎暗叫不妙，看來今天是躲不過了。於是便笑嘻嘻的說：「呵呵，妳不知道，妳那款白色蘋果手機我可是嚮往了很久，可是一直都沒捨得買。那天打完電話，本想借妳的玩玩，過過癮，可是一不小心打開了簡訊。而且妳那手機反應快，我只是手指不小心一畫，簡訊就打開了。真不虧是好手機，反應比我那手機可強多了。」

聽到李穎說自己的手機，莫妍心裡有些小小的得意。畢竟當初自己買那支手機可是花去了一個半月的薪水，當時還心疼了好久。不過聽到李穎這麼說，莫妍反倒覺得物有所值。只是李穎偷看自己簡訊的事還是讓莫妍有些不快，怎麼說那也是自己的隱私，李穎的做法讓莫妍有些隱私被偷窺的感覺。於是仍冷著聲音說道：「即使那樣，妳也不應該看裡面的內容啊！」

「是，妳說得對。我不該在好奇心的驅使下繼續把簡訊看完。而且還大嘴巴的把這事不小心說漏了嘴。莫妍，說句實話我蠻佩服妳的。」李穎正了正聲說。

這可是自己工作以來，第一次有人說佩服自己，這讓莫妍有些小小的意外，想知道李穎所說的佩服是指什麼。於是便假裝毫不在意的說：「佩服我？我有什麼可佩服的。我覺得自己身上沒有一件事可以讓妳佩服的。」

「哎，怎麼沒有，我佩服妳的地方可多了。妳知道我最大的缺點是什麼嗎？」李穎看了眼莫妍，繼續說道。「就是嘴巴。妳也知道，我這張嘴裡裝不下什麼祕密，儘管知道有些話說出去會得罪人，可是還沒等我反應過來，話已經說出了口。所以，這張嘴可替我惹了不少禍。反觀妳，平日裡文文靜靜的，話很少，一看就特別有氣質，像是修養良好的千金小姐一般。」

同為女人，莫妍也愛美，因此聽李穎說自己特別有氣質，心裡早就樂開

了花，不過表面上並沒有表露出來。有些謙虛的說：「我這哪裡是有氣質，根本就是土包子一個。」

李穎說：「別這樣說，妳要是土包子，那我就真不敢活了。妳呀，就是不愛打扮自己，我敢說，只要妳肯多花點心思，好好打扮一下，那些明星也得靠邊站。」

「我哪能跟那些大明星比。」莫妍淡笑著說。

「怎麼不能比了。莫妍，女人要有自信。別看電視裡那些大明星一個個光鮮亮麗的，那也是人家懂得打扮自己，若真論起天生麗質可真沒幾個。再說了，妳看妳是要身材有身材，要臉蛋有臉蛋，一點都不輸給她們。更重要的是，妳的腦子裡裝的東西要比她們多。所以，別看低了自己。」李穎鼓勵道。

等到與李穎分開的時候，莫妍才想起自己是跑去質問李穎為什麼偷看簡訊的，可是說著說著怎麼離了題，更為關鍵的是，聽了李穎那些讚美的話，莫妍心裡有絲甜甜的感覺。看來，在李穎的馬屁之下，自己也就只有丟盔棄甲的份了。

為何莫妍的質問變成了最後的談笑，原因在於，面對莫妍的質問，李穎並未急著去解釋說明，而是四兩撥千斤，巧妙的用馬屁化解了僵局，在糖衣炮彈的輪番轟炸下，莫妍也就只有舉手投降的份。

其實，在這個世界上，沒有人能拒絕別人的讚美，就連是自認一向不接受奉承的人，也常在馬屁面前敗下陣來。當然了，拍馬屁也不能太過，否則馬屁拍到馬腿上，可是會被「踢」的。

第 37 章　你為什麼不拒絕

浪跡法則三十七：職場需要忠誠，但絕不是毫無原則的盲從。

忠誠是一種美德，每個上司都希望員工對自己忠誠。員工若想得到上司的賞識，進而贏得晉升的機會，最起碼要做到忠誠，但忠誠必須適度，過度忠誠就是盲從。那將意味著你很被動的圍繞著上司轉，毫無原則的對上司提出的任何要求都說「yes」，那麼你的職場之路將堪憂。

是的，大多數人小時候都有這樣的經驗：不論什麼場合，不論什麼情況，只要敢對父母說一個「不」字，就會挨罵。父母總是很難給我們機會來解釋我們為什麼要說「不」。長此以往，當我們長大後，在與別人溝通時，就很難以「不」字來回應對方了。要知道，生活中拒絕一個人是需要勇氣的，因為拒絕會使對方難為情，沒有面子，尤其是不高興的「不」，即使是自己再不情願，也要語氣委婉，直來直去的「不」不要輕易說出口。因為，在我們的意識中，說「不」就等於完全與人決裂。

因此，當我們想拒絕別人時，心裡總在想：「不，不行，不能這樣做，不能答應……」，可是，嘴上卻不好明說，只能含糊不清的說「這個……好吧……可是……」。當然這種口不對心的做法，一方面是怕得罪人，另一方面，過於直率的拒絕也不利於待人接物。但是小心謹慎的結果，往往會使你遭受到很大的損失。相反，如果把「不」運用得當，一樣可以從中獲得自己

的權益。世界上最富有的民族 —— 猶太人就是如此，在他們眼裡，說「不」是自己應有的權力，放棄說「不」等於放棄應有的權力。尤其是在商業競爭中，說「不」是一件無堅不摧的利器，因為在談生意中，有勇氣說「不」其實是一招以退為進的妙招。使用它的關鍵就在於你的技巧運用得是否得當。同樣，當你與上司相處時，也應學會適當的說「不」，而非一味的說「是」。因此幾個向老闆說 No 的技巧，你很有必要學學：

當老闆把大量工作交給你，又要求你都要盡快完成時，面對這麼多的工作，你簡直是不勝負荷，這個時候你該怎麼辦？你要學會說 No。但這個 No 要含蓄，你可以拐著彎暗示你的老闆，你可以這樣說：「老闆，我現在手裡的這份工作還沒有做完，而且下一份任務也已經安排下來，時間上有些緊迫。我是不是應該先著手做下一期的工作？」請老闆幫你定出先後次序。如果你這麼說，老闆就要考慮到根據公司的利益、這些工作的重要性，來決定哪些才是你該處理的問題。只要老闆懂得體會你的認真謹慎，自然會把一些細枝末節的工作交給別人處理。

每個人都會有應付不了工作的時候，因為事情總在變化，經常性的會有一些意外要你處理，工作的、家庭的都可能會有。如果你因為個人原因，未能應付額外工作時，這個時候要跟你的老闆說 No。告訴上司你目前的實際情況，然後保證會盡力把正常的工作處理好，但超額的工作則實在不能應付了。上班時你要全力以赴，表現極高的工作效率，表現出你的敬業來，按時完成工作，上司會覺得你還是很有能力的，仍會繼續任用你。

當你的老闆為你定下「瘋狂」的工作期限時，這個時候，更是必須要說No 了，正常的員工都不會是工作狂，在工作時間內完成該有的工作量，即使加班也不要時間太長，每個人都渴望有自己的休閒時間，可以放鬆，休息一下自己疲累的大腦和身體，這個要求是很正常的。但是，如果你的老闆給

第 37 章　你為什麼不拒絕

你的工作不但多，而且期限很吃緊，那你就應該跟老闆委婉的解釋一下工作內容的繁重，並舉例說明同樣的工作量，將需要老闆規定的限期的幾倍時間來完成，給老闆一定的考慮和決斷的時間後，再要求延期。假若期限真的很吃緊，這個情況在很多公司也都能碰到，既然期限鐵定不改，那你可以請求老闆聘請臨時員工。這樣你所表現出來的是坦率，既對完成計畫有實際的考量，又對工作有一種積極的態度。不少老闆都表示，會晉升那些可以準確估算完成工作時間的員工。

當你的老闆器重你並將你連升兩級，但那職務並不是你想從事的工作時，該怎麼辦？對於升遷，每個員工都不會拒絕，除非自己腦子有問題。但是，員工也應該考慮一下自己的實際能力與興趣，明明不是自己的專長，你還要接受，那就是對自己不負責任，新的工作很可能使老闆對你重新考慮，「我是不是太高估他了，他的能力還是不行。」對於升遷的獎勵，一定要仔細考慮，如果認定自己的能力可以，那就愉快的接受。如果認為自己的能力和興趣都不在這個職位上，你就該跟老闆誠懇的詳談一番了，解釋你為何不適合這個工作，再給他一個兩全其美的解決方法：「我很感激你的器重，但我正全心全意發展目前我正在做的工作，我想為公司付出我的最佳潛能和技巧，所以目前這個位置還是比較適合我的。」正面的討論，可以使你被視為一個注重團隊精神和有主見的人。

當上司要求你做出違法的事或違背良心的事時，這個時候與老闆的不合理要求，本質上是不同的，也是你必須說 No 的時候，但你不能一副老闆是在陷害你的表情，著急上火的與老闆理論，你應該平靜的解釋你對他的要求感到不安，感到無法做到。亦可以堅定的對老闆說：「老闆，您可以解僱我，這些事是我不能去做的。當然您也可以放棄這個要求，不管如何，我都不會洩露這些資料。」假若你不能堅持自身的價值觀，不能堅持一定的準則，那

只會迷失自己，最終還是要影響工作的成績，甚至斷送自己的前途。

[案例]

　　莫妍與李楓有點交情的事，上次被劉燕一鬧，幾乎報社裡的所有人都知曉。近幾天，政府單位的主管要來報社考察的事早已被傳得沸沸揚揚，報社裡也早已是進入備戰狀態。

　　這天王虹找到莫妍說：「莫妍，最近的工作怎麼樣？」

　　莫妍說：「蠻好的，有什麼問題大家都會幫忙。」

　　王虹笑了笑道：「那就好。對了，文化局要來報社考察的事，妳聽說了吧？」

　　莫妍奇怪王虹怎麼會特別問她這個問題，但還是開口道：「嗯，聽說了。這兩天大大家都在議論呢！」

　　王虹說：「猜想明天考察團的人就會到報社，聽說其中一人就是李楓。妳好像與他認識，是吧？」

　　自己與李楓相識的事，報社裡大家早已知曉，王虹今天特地這麼問，莫不是有什麼與李楓有關？於是便承認道：「嗯，我和他認識。」

　　王虹說：「哦，是這樣。這次的考察對報社未來的發展很重要。所以，想請你跟李楓說說情，讓他們為報紙解決一些發展中的難題。社長說了，這次考察結束，就幫妳加薪。」

　　王虹的話讓莫妍直覺的想反駁，可是說出去的話卻是：「王主任，我……我試試吧！不過不一定辦得到，畢竟我只知道是來審查，但具體什麼情況我一點也不清楚。」

　　說完這些話，莫妍真想打自己兩個巴掌，這不是明擺著讓自己走後門嗎！這種薪水即使漲了，也會受同事們嘲諷和白眼，還有可能會連累李楓。可是再後悔有什麼用，說出去的話像潑出去的水，收是收不回來了。不過莫

妍的話卻讓王虹笑開了顏，直誇莫妍說：「莫妍，很高興妳能為報社著想。考察團來的這幾天，妳先負責接待工作吧！妳手裡的工作我會安排其他的同事做。」

「主任，這合適嗎？畢竟我以前沒做過接待方面的工作。」莫妍想自己一個編輯部的人跑去做接待，這不是讓所有人知道裡面有內情嗎？莫妍想直接拒絕，可話到嘴邊，還是婉轉的表達了出來。

「這有什麼合適不合適的，哪有人是生來就會做事的，還不是從一點一滴學做的。再說也就這幾天的事，等到考察團的人一走，妳還是要到編輯部工作。」王虹顯然沒有放過莫妍的意思。

「可是……」莫妍仍有些不願放棄的說。

「好了，別再可是了，這件事就這麼定了。明天早上記得穿正式一點，今天的工作做完後，妳可以提早下班，好好準備一下。」王虹一錘定音的說。

看著王虹沒有任何商量餘地的表情，莫妍心裡後悔得要命。這事於情於理都應拒絕，可自己怎麼就答應了呢？雖說這種事在商場、官場上是常事，可是事情到了自己身上，怎麼有種做壞事的感覺？再說這事自己怎麼跟李楓開口，想想都覺得頭痛。事已至此，自己只能厚著臉皮跟李楓開口了。

「李楓，最近怎麼樣？」莫妍撥通了電話問道。

「還好，怎麼，想我了？」李楓半開玩笑的說。

「呵呵，聽說你們明天要來我們報社考察？」本來就有些心虛的莫妍聽到李楓的話更是尷尬，硬著頭皮直奔主題。

「嗯，暫時是這麼決定的，怎麼？不歡迎我去你們報社？」李楓直覺莫妍今天打電話的事與審查的事有關，但還是假裝不明所以。

「這不是我歡不歡迎的事好不好。實話跟你說吧，王主任今天找我談話了，讓我跟你說說情，你明白我的意思吧！」莫妍不想轉彎抹角，直接說明

了用意。

「嗯，我想基本上明白妳的意思了。可是妳好像答應了，是吧？」李楓肯定的說。

「嗯，其實我想拒絕的，可是話到嘴邊，不知怎麼的就變了味。」莫妍有些無奈的道。

「看來妳的乾脆和無情，完全是針對我一個人。」李楓有些傷感的說。

聽到李楓的話，莫妍不知道該怎麼說。李楓半天聽不到莫妍的回應，便明白自己的話有些過頭了。於是開口道：「其實妳自己不想這樣，是吧？」

「嗯，可是今天已經答應王虹了。是不是對你造成了很大的困擾？」莫妍有些後悔的說。

李楓說：「其實妳不用覺得為難，因為我不在這次的考察團當中。」

莫妍有些意外，問道：「是嗎？可是王主任說你也在其中啊！難道消息有誤。」

「沒有，消息沒錯，只是今天臨時改換了人選。」李楓解釋說。

聽到李楓這麼說，莫妍大大的舒了一口氣，心想，雖然自己答應了王主任會向李楓說情，可是李楓不在考察團當中，那麼這事就與自己無關了。不過自從答應了王虹的要求，自己一整天心神不寧，總覺得自己在做壞事，好像所有人都拿異樣的眼神看著自己，這種感覺糟糕透了。莫妍覺得，以後凡是觸及到自己底線的事，無論對方是誰，一定要拒絕。不然，這樣的事來個幾次，自己即使不被辭退，精神首先會崩潰。

是與不是兩個最簡單、最熟悉的字，卻最需要慎重考慮。但也正因為顧慮太多，往往使我們不懂得拒絕，常使自己陷入困境。莫妍之所以沒有拒絕王虹的要求，完全是因為顧慮到王虹是上司，而且所要求的事雖不合理，但有益於報社發展，結果使自己的內心受到了煎熬。因此，我們在職場中一定

191

第 37 章　你為什麼不拒絕

要學會拒絕不合理的要求，對於那些觸及底線的事情，更要嚴辭拒絕。

第 38 章　出來混，遲早是要還的

浪跡法則三十八：人情的威力很大，但人情欠多了，也會使你陷入糟糕的境地。

這句話出自《無間道 II》，劇中是說「出來跑，不論做過什麼，遲早要還」，出來混是小混混愛說的話，現已成為熱門網路用語之一，最流行的莫過於遊戲《三國殺》中，司馬懿那句「出來混遲早要還的」。

人情終歸是要還的，所以能依靠自己的，盡量不去求別人，首先那種低人一等的感覺就讓人看起來很糟糕，而最重要的是，一旦他幫了你的忙，那麼以後無論什麼事，只要是他有需求，你都得要跑前跑後，而且是最積極的一個。如果他開口要你幫忙，那麼你更是沒有任何拒絕的理由，否則別人會說你忘恩負義，如此一來，你便成了過街的老鼠人人喊打了。

可見，人情的威力很大，可以幫助我們做很多原來以為不可能的事，但是人情並不是取不盡的水，任你自由取用。相反，人情就像銀行的存款，你存得越多，領出來的錢就越多；存得越少，領出來的錢就越少。你若和別人只是泛泛之交，你能要他幫的忙就很有限，因為他沒有義務和責任幫你大忙；你更不可能一次又一次要他幫你的忙，這是因為你的人情存款只有那麼一點點。所以，人情不可耗用無度。否則，會出現以下兩種結果：

一是會使你們之間的感情開始變淡，繼而讓他對你避之唯恐不及，那麼

有可能進一步發展的情分就此斷了。二是你在他眼中變成不知人情世故的人，這對你是相當不利的。然而，一個人做事不可能單打獨鬥，有時還是要用到親戚朋友。換句話說，要動用到人情存款。

那麼如何動用人情，才不至於「無度」呢？

做好盤算，盡量把人情用在刀刃上。先弄清楚你與對方的交情究竟有多深，人情究竟有多重，然後再掂量事情的分量，看看是否適宜找對方幫忙，千萬不要沒個輕重緩急。動用人情的次數要盡量少，以免提早把人情存款用光，那樣，也會「情到用時方恨少」。

人本來是容易忘恩的動物，所以就是對方曾欠你一些人情，你也不可抱著討人情的心態去要求對方幫忙，因為這不僅可能引起對方的不快和反感，還可能讓這情分到此結束。

人情存款不能即存即支。如果你急於找後帳，急於在這筆人情帳中得到回報，你就犯了人情世故的大忌。你就會在找這筆後帳中既丟掉了人情，丟掉了面子，也丟掉了做人的原則和進退的分寸。

對一些斤斤計較的人要特別注意，你們縱然交情再深，也不可輕易找他幫忙，否則這個人情債就會像在地下錢莊借錢那樣，讓你吃不消。還要懂得適度回饋，如果你不管不顧，動輒就求人幫你的忙，那麼隨著時間的推移，你就會慢慢變成一個不受歡迎的人。當然也有主動幫你忙的人，但切勿認為這是理所當然的，你若無適度的回饋，這也是一種「耗費」。要注重長線投資，俗話說：「路遙知馬力，日久見人心。」大多的人情投資都需要長的時間才能結出果實，畢竟人與人之間的理解與依賴需要一個過程。

［案例］

從來報社那天起，老杜一直都給予了莫妍很大的幫助，這讓莫妍感激於心。但也正因如此，有時遇到問題時，也會主動的向老杜請教。而老杜也會

知無不言，言無不盡。所以老杜在莫妍的心中一直是個不可替代的，像是親人般的存在。

這段時間，老杜總是愁眉不展，一問才知是為了兒子的轉校問題。在 T 市，學生一般都在相對應的學區學校上學。但由於各個學區的教學品質不同，有的學區升學率較高，有的學區升學率較低。老杜的兒子剛上國一，老杜花點錢，走走關係，把兒子轉到較好的學校，這樣將來考一個好大學，對以後的發展有好處。

可是現今這年頭，自己要是沒有足夠有力的關係，想轉個學校，也都在幾萬甚至是幾十萬上說了算。像老杜這樣的薪水階級，上有老下有小，要一下子拿出這麼多錢還真不容易。可是若因為錢而耽誤了孩子將來的發展，又讓老杜心裡過意不去。

聽說了老杜的事後，李穎快人快語的說了一句：「哎，莫妍不是和李楓關係不錯嗎？這事讓李楓跟校長說一聲，說不定一塊錢都不用花，事就成了。」

李穎一說，大家的目光一致的看向莫妍，這讓莫妍有些不知所措，儘管李楓與自己關係不錯，但要開口向李楓求這種事，說句實話，莫妍真有些開不了口。老杜也略帶期盼的眼神，更是讓莫妍尷尬，本想說點什麼，最終卻什麼也沒說。李穎看到莫妍的樣子，覺得自己說錯了話，於是忙打圓場道：「哎呀，我的稿子還沒弄完。我得趕緊忙了，不然又得加班。」

看著李穎走了，大家也都知趣的回到了自己的辦公桌。莫妍明顯感覺到老杜略帶失望。中午休息的時候，在洗手間，莫妍聽見別人說：「哎，妳說這人啊，還是不能對別人太好。」

「就是，妳看老杜平時多照顧莫妍，可是今天一用到她，妳看人家就不樂意了。還真替老杜感到不值。」

第 38 章　出來混，遲早是要還的

「就是，她就一句話的事，可對老杜來說卻至少得花幾萬塊錢呢。這人啊，要是不知道知恩圖報還真是白活了。好在我不是老杜，不然我一定上去給她兩巴掌。」

聽到別人這麼說，莫妍心裡一酸，難道自己真的做錯了嗎？可是今天若是為了老杜的事求李楓，勢必又會欠下李楓一個人情，李楓也會欠下所求之人一個人情。總之，同情遠不是李穎所說的一句話那般簡單。可若今天不替老杜去求情，那麼自己的處境將會變得很尷尬，無論是其他人還是老杜，都會認為自己是個忘恩負義的人。在上班時儘管自己沒有抬頭，但還是感覺到了老杜時不時遞過來的祈求眼神。看來，老杜儘管沒有開口，但是意思已經再明顯不過了。

自從那次李穎無意中說出解決辦法後，在隨後的幾天裡，莫妍總能聽到同事們這樣或那樣的罵語，而其中內容無非是自己忘恩負義，不值得別人好好對待等等，關鍵是老杜看自己的眼神也從最初的祈盼變成了埋怨。這讓莫妍有種鋒芒在背、水深火熱的感覺。

聽著同事們不斷的冷嘲熱諷，老杜埋怨的眼神，莫妍最終還是向李楓開口了。李楓雖然猶豫了一下，但最終還是答應幫忙。當莫妍把這個消息告訴老杜的時候，老杜激動的對莫妍說：「我就知道妳不是大家所說的那種人，看吧，妳果真幫忙了。」

聽到老杜的話，莫妍心裡有些澀澀的。看來，這次如果自己不幫忙，那麼勢必會讓老杜把自己視為敵人。可是現在忙是幫了，卻欠了李楓一個人情，而李楓也可能因此欠了別人的人情。莫妍想：看來這人情遲早是要還的，否則即使良心上過得去，也會被別人的吐沫給淹死。

人是有感情的，感情就是人與人之間相互連結的紐帶，我們通常就把人與人之間的感情稱作「人情」。在人際交往中，向來是很講人情的。有些人喜

歡用「人情」來辦事，但「人情」是有限的。

　　他人若幫了你的忙，那麼等到有一天，別人有求於你時，你就必須要幫忙，否則就要背上無情無義、忘恩負義的罵名。

　　同事們之所以罵莫妍，是因為向來對她照顧有加的老杜有求於莫妍，但是莫妍卻猶豫了。這讓莫妍一下子成為了一個無情無義的人，而老杜也因莫妍的猶豫而心生埋怨。

　　可見，人情的威力雖大，可以幫我們做很多原來以為不可能的事，但是欠了人情，遲早是要還的。當然，不欠別人的人情是不可能的，畢竟每個人的力量有限。但是人情的利用也講究原則和分寸，耗用無度只會適得其反。所以，在職場上，人情能不欠則盡量別欠，否則有一天將會束縛住你的手腳。

第 39 章　投資理財還是趁早得好

浪跡法則三十九：趁早進行理財，否則每天辛苦工作，到最後卻竹籃打水一場空，那就沒意思了。

儘管人們常說「錢財乃身外之物，生不帶來死不帶去」、「金錢不是萬能的」，可是一旦自己的財務狀況發生變化，人們便會立刻做出反應。

名人常對大學在校生說：「年輕人，你的名字是財富！」因為由複利公式可明顯看出，時間就是金錢，年輕就是財富。複利給我們一個明確的理財生涯規畫：年輕時應致力於開源節流，並開始投資理財，因為年輕時省下的錢，對年老時的財富貢獻度極大。

時下許多年輕女性所流行的觀念是：在年輕時代盡情享樂，待年長之後再開始投資理財不遲。這是錯誤的理財觀。她們總認為現在離退休還早，手頭資金不多，根本用不著考慮需要投資理財，常因此錯失早日理財的良機。

事實上，等到年老之後，手中有些資金再開始理財，卻不知時間已經來不及了。正確的觀念是：投資理財是年輕人的工作，而老年後的工作是如何善用財富。然而許多年輕人往往只重眼前的生活享受，一有錢就買一輛車、時尚精品或出國旅遊，總認為年輕時盡情享樂，年老時再來考慮理財。

若你已了解時間在理財活動中所扮演的角色，就不難理解，年輕時過分注重享受的人注定一生庸碌。現實社會中，因年輕時注重享受，而導致年老

時貧窮的例子數不勝數。原因在於年輕時忽略理財的重要性，等到年歲漸增覺悟時，不只是事倍功半而已，且為時已晚。為什麼這麼說呢？舉個例子來說吧。假設你今年 20 歲，那麼你可以有以下選擇。

20 歲時，每個月投入 100 元用作投資，60 歲時（假設每年有 10%的投資回報），你會擁有 63 萬。

30 歲時，每個月投入 100 元用作投資，60 歲時（假設每年有 10%的投資回報），你會擁有 20 萬。

40 歲時，每個月投入 100 元用作投資，60 歲時（假設每年有 10%的投資回報），你會擁有 75 萬。

50 歲時，每個月投入 100 元用作投資，60 歲時（假設每年有 10%的投資回報），你會擁有 2 萬。

看到上面的結果，你會選擇在哪一年開始你的理財之旅呢？

每一個想與財富結緣的人，遲早都要走上理財之路，既然是遲早的事，何必不早一步來獲取更大的利益呢！不要說現在沒有錢，不要說你沒有時間、沒有經驗，因為沒錢理財的人多的是，要是都等到有經驗再理財，那理財專家都得失業了，所以，從現在就開始你一生理財的規畫，以免年輕時任由「錢財放水流」，老來嗟嘆空悲切。對此，理財專家給出了以下的人生理財規畫：

（一）　求學成長期：這一時期以求學、完成學業為階段目標，此時即應多充實有關投資理財方面的知識，若有零用錢的「收入」應妥為運用，此時也應逐漸建立正確的消費觀念，切勿「追趕時尚」，為虛榮物質所役。

（二）　進入社會青年期：初入社會的第一份薪水是追求經濟獨立的基礎，可開始實務理財操作，因此時年輕，較有事業衝勁，是儲備

資金的好時機。從開源節流、資金有效運用上雙管齊下，切勿冒進急躁。

（三）　成家立業期：結婚十年當中是人生轉型調適期，此時的理財目標因條件及需求不同而各異，若是雙薪無小孩的「新婚族」，較有投資能力，可試著從事高獲利性及低風險的組合投資，或購屋或買車，或自行創業爭取貸款，而一般有小孩的家庭就得兼顧子女養育支出，理財也宜採取穩健及尋求高獲利性的投資策略。

（四）　子女成長中年期：此階段的理財重點在於子女的教育儲備金，因家庭成員增加，生活開銷亦漸增，若有扶養父母的責任，則醫療費、保險費的負擔亦須衡量，此時因工作經驗豐富，收入相對增加，理財投資宜採取組合方式，貸款亦可在還款方式上彈性調節運用。

（五）　空巢中老年期：這個階段因子女多半已各自離巢成家，教育費、生活費已驟然減少，此時的理財目標是包括醫療、保險項目的退休基金。因面臨退休階段，資金亦已累積一定數目，投資可朝安全性高的保守路線逐漸靠攏，有固定收益的投資尚可考慮為退休後的第二事業做準備。

（六）　退休老年期：此時應是財務最為寬裕的時期，但休閒、保健費的負擔仍大，享受退休生活的同時，若有「收入第二春」，則理財更應採取「守勢」，以「保本」為目的，不從事高風險的投資，以免影響健康及生活。退休期有不可規避的「善後」特性，因此財產轉移的計畫應及早擬定，評估究竟採取贈與還是遺產繼承方式符合需求。

上述六個人生階段的理財目標並非人人都可實踐，但人生理財計畫也絕

不能流於「無頭蒼蠅瞎撞」，畢竟有目標才有動力。若是毫無計畫，只是憑一時之間的決定主宰理財生涯，則可能有「大起大落」的極端結果。財富是靠「積少成多」、「錢滾錢」的逐漸累積，平穩妥當的生涯理財規劃應及早擬定，才有助於逐步實現「聚財」的目標，為人生打下安定、有保障、高品質的基礎。

[案例]

　　工作以來，莫妍一直沒有什麼存錢的意識。她很自覺的賺多少花多少，銀行帳戶裡雖然也有一筆，但相對於真實發展指數的漲幅來說，實在是微不足道。這天，辦公室裡的眾人說李娜把前兩年買的房子賣了，從中獲利竟然是兩百五十萬。對於一個薪水階級來說，兩百五十萬可不是個小數目。但李娜一揮手，兩百五十萬卻輕鬆入帳。

　　其實，李娜買房的事莫妍也知道，報社裡的工作剛剛穩定下來後，李娜就四處奔波著湊了一些錢，付了一間兩房的頭期款。然後順利晉升為房奴一族，每月按時繳房貸。看著李娜每月為了還貸款而省吃儉用時，莫妍暗嘆李娜是自己找罪受。還安慰自己說：「生活是用來享受的，趁年輕不好好玩玩，享受一下生活，那老了可就沒機會了。」

　　從隨心所欲的花錢中，莫妍確實感受到了莫大的快感。可是這兩年的房價卻是風雲突變，誰也沒想到它會一下子蹦這麼高，而且房租也開始往上漲。現在莫妍每個月的薪水交完房租，除去生活費用，可以說是所剩無幾，更氣的是，物價還一天高過一天。若這個樣子發展下去，莫妍覺得自己總有一天會被餓死。

　　這天中午，李娜與莫妍坐在肯德基裡，莫妍一臉的愁悶。「怎麼了，看起來一副心事重重的樣子？」李娜問道。

　　「哎，李娜，妳說這以後的日子可怎麼過啊！」莫妍有氣無力的說。

第 39 章　投資理財還是趁早得好

「怎麼會發出這樣的感慨？日子怎麼過，當然是該上班的時候上班，該吃飯的時候吃飯。」李娜笑了笑說。

莫妍說：「是啊，妳現在是小富婆了，沒什麼可愁的。哪像我，每個月就那麼點薪水，除去一些必要的開銷，吃飯都有點問題了。」

「吃飯都出問題了，妳還在這裡唉聲嘆氣，還不如趕緊去理財的好。」李娜建議道。

「理財，我那點薪水，存在銀行裡當活存還行，離理財還遠著呢！」莫妍搖了搖頭說。

李娜說：「看吧，問題就出在妳這裡。什麼叫理財還遠著呢！理財應該是越早越好，而且理財也不一定非要等到有錢了才能理啊！」

「可是沒錢怎麼理，總不能拿著一千多塊就去理財吧！」莫妍涼涼的說。

李娜說：「為什麼不呢？一千塊也是錢，即使是存在銀行裡吃利息也能賺一點點。」

莫妍說：「可是那錢存銀行裡，沒幾天又會被我領出來花掉，還不如不存來得省事。」

聽著莫妍消極的理財觀，李娜覺得自己可以給一些建議。於是說：「其實，任何財富都是從一點一滴累積起來的，就像雪球一樣，越滾越大。因此，妳不應該小看任何一個可以供妳使喚的錢升值的機會，哪怕是暫時存銀行。」李娜看見一直萎靡不振的莫妍坐直了身子，一副洗耳恭聽的樣子，便笑了笑道：「雖然我不是理財方面的專家，但是有關理財方面的書籍我看了不少，而且我自身也都做過一些實踐。可以說，以妳目前的狀況來說，首先要做的是存錢。」

「存錢，我一直都有存啊！」莫妍插進來一句。

李娜看了一眼莫妍，眉毛一挑問道：「那麼請問妳存款後面的數字是幾

個零？」

「哎，這個，好像也就兩萬五千塊錢吧！」莫妍想了想道。

「兩萬五千，聽起來是不錯，至少比沒有的強。那麼妳通常都是怎麼存的呢？」

「每個月發了薪水就存進銀行戶頭裡，有需要的時候領，不需要的時候就存在裡面。」莫妍想了想又補充道，「其實剛開始我也想辦定存，畢竟利息高一點，可是我怕若有急事用錢，最終還是存成了活存。」

「那妳為什麼不存十二帳單法呢？這並不影響妳用錢，而且利息也高一點。」李娜不解的問道。

「十二帳單法，是什麼？」莫妍一臉茫然的問。

「這麼說吧，十二帳單法跟月月定存差不多，但要比月月定存有優勢。因為十二帳單法中每個月都是獨立的，如果妳這個月有急事，可以提前領出或者是不存，而這麼做對其他帳單的存款沒有任何影響。而且這樣做也可以強迫妳存錢。當然了，妳也可以每月拿出一部分錢來買理財產品，這樣的收益相對要比存銀行要高出許多。但有一點，這些錢必須存有一定的年限，比如五年、十年。這個根據妳所選的產品而定。最多能提領的也僅是分紅。如果妳暫時沒有什麼大的開銷，我建議這類理財產品可以考慮，畢竟增值快。」李娜解釋說。

聽了李娜的一番話，莫妍發覺自己對於理財真是一無所知，怪不得人家早已發了家，自己卻還沒有脫貧。看來自己必須改變以往的理財觀，重新制定出新的理財規畫。

從那天起，莫妍開始留意起各大銀行的理財產品，並從中挑選了一個非常適合自己的理財產品。而且莫妍也為自己制定了嚴格的消費標準，立志做一個小氣女。經過這一番整頓，向來所剩無幾的薪水居然還餘下了一大部

分，莫妍把一部分存成活存，剩餘的全部存成了月月定存。想到以後每個月都會收到一筆小收入，心裡就甜滋滋的。以前花錢的時候莫妍倒沒覺得怎麼樣，但當自己真正開始理財的時候，才發現理財是一件很有趣的事情，光是想到自己的錢越滾越多，心裡的滿足感是瘋狂購物所無法給予的。

　　你不理財，財不理你。只有真正懂得了理財，我們才能讓我們的財富越變越多。李娜理財意識較早，這也使得她贏得了先機，使自己的財富得到了最大化。相反的，莫妍剛開始只懂得享受生活，卻不曉得理財與享受生活根本就不矛盾，等到明白過來，已是錯失了好幾年的理財好時光。因為，當一個人走進家庭時，來自孩子、老人、生活等各方面的開銷就會接踵而至，而且因為有了家庭這個責任，在投資理財上也會多一些顧慮，很容易錯失良機。所以，理財一定要趁早。最好是在你踏進婚姻前，先擁有一筆自己的資產。

第 40 章　休假可以，但不可為所欲為的休長假

浪跡法則四十：休假可以，但為所欲為的休長假比上班工作更加危險。

我們應該休假嗎？答案是肯定的。畢竟我們不是神，而是一個普通人。除了工作，我們還有自己的生活，有自己必須的假期需求。即使我們沒有任何必須的休假理由，也應提倡半年或一年進行一次休假，藉此來調整自己的工作狀態，使自己永遠保持精力充沛。

但現實情況如何呢？往往在我們休假回來之後，我們會突然發現自己的地位沒有以前那麼重要了，甚至自己的職位已經被某個新人代替了。

這是為什麼？

道理很簡單。我們可以休假，但是，不可以為所欲為的休長假！

在當今社會的快節奏環境影響下，沒有哪一家公司和老闆能夠容忍自己的員工為所欲為的休一個長假，即使你手上有一大堆如婚假、產假、補休假、病假、帶薪年假等這樣那樣的合法假期，你也不能為所欲為。可以說，有時候休假比上班工作更加危險。因為所有的公司為了節約成本，一直都在不斷的精簡人員。這就造成了公司在人員配備上承受不了長期的空缺。一旦

第 40 章　休假可以，但不可為所欲為的休長假

因為員工的長假而形成斷層，則必然會影響到公司的日常工作或是業務發展。所以職場中常出現的一種現象便是，有一天休假回來，發現自己的工作已然面目全非，變得完全無法控制和一團糟。

　　所以，在職場上，你可以休假，但絕對不能為所欲為的休長假。

[案例]

　　尋尋覓覓，莫妍終於遇到了自己的 Mr. Right。剛認識三個月，莫妍就準備與他跨進婚姻的殿堂。結婚是女人一輩子最為重要的時刻，莫妍自然是要花費心思好好準備。因此，結婚前的一段時間裡，莫妍每天忙得團團轉。當然為了能請一個較長的假期度蜜月，即使再忙，莫妍也堅持沒有請假。

　　最後，再三申請下，莫妍得到了為期半個月的婚假。可是，讓莫妍有些難以接受的是，當她休假回來，竟然覺得有些物是人非。編輯室還是那個編輯室，同事還是以前的同事，可是沒有了以前那種融洽的感覺，而且自己所擔任的工作也被分配得四分五裂。

　　「莫妍，妳這次怎麼休了這麼長時間的假啊！」莫妍沒告訴大家自己要結婚的事情，所以老杜不明所以的問道。

　　「噢，出了點事，沒辦法啊！」莫妍含糊其詞的帶過。

　　「是嗎，那事情都解決了？」老杜有些關心的問。

　　「嗯，已經解決了。」莫妍給了她一個安心的微笑道。

　　「噢，那就好，不過，妳知道嗎？李娜現在可是副主任了。妳也真是的，怎麼能請這麼長時間的假呢，現在好了，讓別人撿了個大便宜……」老杜把莫妍休假期間的事情，大概說了一遍。

　　李娜升遷了，這讓莫妍有點意外，同時也有些鬱悶。畢竟從劉燕辭職後，自己和李娜就一直在暗中較勁，可是沒想到自己一個休假回來，卻已是大局已定，但仍有不甘的問道：「怎麼會這麼快，再說這跟我休假有什麼關

係？休假時間再長不都是合法權利？不都受國家法律的保護嗎？再說了，不管是婚假，還是年假，公司不都有這樣的明文規定嗎？」

老杜「嗤」的冷笑一聲，有些不耐煩的說：「妳真是太天真了！妳真以為這些國家法律或是公司規定能夠保護我們的正常休假？」

「不行的話……」莫妍一時語結，喃喃的爭辯道，「我們有工會、有勞工局……我們總可以申訴吧？」

「哼，妳以為公司高薪聘請的法律顧問、資深律師都是用來當擺設的？」老杜翻了個白眼說，「他們就是研究這個，吃這一行飯的，他們完全能夠巧妙的避開那些觸及員工合法權利的危險地雷，找到一條安全的法律的灰色路徑用來對付我們。妳倒好，還真把那些規定當成一回事了。」

老杜的一番話，說得莫妍是啞巴吃黃連有苦說不出。當初自己還抱怨半個月的婚假太短，沒想到僅僅半個月，卻讓自己錯失了升遷的大好機會。

看著莫妍有些低落，老杜有些不忍的安慰道：「妳也不用難過，至少自己沒有被發配到什麼偏荒部門去，否則這時候可有妳受的了。」

看著莫妍一臉不相信的樣子，老杜解釋說：「這種事不是沒有，以前妳還沒來報社的時候，編輯部就有一個人產假回來，工作被別人頂替，她被分配到了管理倉庫。妳說一個女人，而且剛生完孩子不久，怎麼有辦法在倉庫待得下去，這不是明擺著要妳自己辭職嗎？」

從老杜口裡聽了這件事，莫妍暗嘆一口氣，心想：天吶，自己還傻呼呼的抱怨請的婚假太短，沒想到這裡面還有這麼多的內情。也虧得自己運氣好，沒被調到什麼「偏荒」部門，要是自己像那位同事一樣被調到倉庫，那就只能辭職走人了。

雖然是國家法律明文規定，員工享有婚假、產假、病假等這樣那樣的合法假期，但這並不意味著你可以為所欲為的休長假。畢竟每個員工都有自己

所承擔的工作，如果你休假過長，勢必會影響公司的正常運轉。這樣一來，員工請長假大都會引起老闆的不滿，你的工作也會因此而受到威脅。

　　莫妍因為休假而白白錯失了升遷的機會，老杜口中的那位同事則更慘，因為休假而失去了工作。員工休長假，老闆雖然不會明目張膽的把你辭退，但是卻會換了另一種方式把你逼退。所以儘管這種帶薪休假的好事每個人都想要，但是還請你適可而止，千萬別想著趁機休長假。

第41章　和上司頂嘴是自討沒趣

　　浪跡法則四十一：上司就是上司，職員就是職員。與上司對抗是一場必輸的戰爭。公司不會站在你這一邊，所以你一定要學會忍耐。

　　「虎口拔牙」能落到好下場的沒幾個，可是總有一些不怕死的人想著試一試。當然，如果你技高一籌或者是不怕死，那沒什麼不可。可若你自身能力不足，落得被虎吃的下場可有些慘了。

　　在職場上和上司較勁，無異於虎口拔牙。因為上司就是你的上帝，控制生殺大權，他想讓你出局，易如反掌。如果你想繼續在職場上混下去，最好處理好跟上司的關係，看清楚自己的角色。

　　上司身為公司的決策者，其權威是不容受到下屬的挑戰的，雖然有時上司也會拿個計畫方案與下屬討論，但並不意味著「民主」。民主無論何時何地都有限度，更何況是在公司裡，上司絕對比你更有其必要的決定權。這時候，明智的下屬會了解上司的真實目的，如果這種方案已經被上司決定採用，徵求下屬的意見只是例行公事，或希望得到肯定性的支持，下屬就不要反駁，最好舉手贊成，或提出補充意見讓其更加完善。

　　當然了，如果你非要提出否定性的意見，也要講究技巧，首先不能在眾多同事面前與他唱反調。否則，即使你的意見是正確的，上司接受起來也很

難，不但達不到預期的效果，反而會惹上司不快。

　　上司的權威是不可侵犯的，如果你在眾多同事面前提出反對意見，那無疑是對他權威的挑戰。如此一來，即使你做的是正確的，他也會把你視為報復的對象，勢必會力圖摧垮你。

　　因此，下屬與上司說話時，切勿激動，而要時刻提醒自己，即使自己是對的，也要注意態度、方式和時機問題，不要衝撞了對方，才能避免惹禍上身。

　　在此，建議大家可以參考以下方法，這可使你與上司的關係得到良好的發展。

（一）　盡量和上司保持一致。職場中，上司們非常重用那些跟自己一個鼻孔出氣的下屬。這是因為，下屬主動與上司建立「一致性」，就等於自動站在他的團隊裡，表明了自己的立場；相對而言，那些仰仗自己能力強、技術好而沒有向上司表達忠心的人，上司可能不會主動找他們的麻煩，但絕對不會賞識和提拔他們。

（二）　主動分析上司的性格。不同性格的人有不同的處事方式，與其小心翼翼的面對自己的上司，倒不如先分析上司的性格，以此為根據來「揣摩上意」，這將會使我們與上司更好的相處。

（三）　跟上司保持距離。距離產生美，下屬與上司的距離過近，很容易成為心腹而被利用，得到同事們的排斥，但若離得太遠，則不易於上司建立良好的工作關係。因此，與上司相處一定要掌握好程度。

［案例］

　　老杜被辭退了，這讓莫妍有些傷心，畢竟自己能走到今天，老杜一直以來的幫助功不可沒。可是沒想到，已經把職場看了個通透的她，卻因為爭一

時之氣而失了足。

　　事件的起因還是由於報社批下來一筆經費，說是為了改善工作環境，提高工作品質。這種公司掏錢，自己享受福利的事大家都樂意，也都有不同的個人需求。可是讓大家意外的是，王虹最終的決定竟然是替換了每個人的辦公桌，當然了，王虹辦公室的辦公桌也換了，而且比以前的那個要大上許多，看起來很有品味。

　　王虹這一舉動把一直抱怨電腦不好用的老杜惹火了，老杜的電腦三天兩頭出問題，再加上自己又不會修，每次都是請莫妍幫忙，而且每次修理所需的時間也不短。這樣一來，不僅耽誤了自己的工作，也浪費了莫妍的時間。本想著這次能換臺電腦，沒想到換的不是電腦，而是沒什麼問題的電腦桌。

　　於是老杜便直接殺進了王虹辦公室：「王主任，我可以不換辦公桌，但請妳幫我換一臺電腦。」

　　「妳要換電腦，可是經費都已經用來買辦公桌了，要不，下次經費下來的時候，我幫妳換臺新的電腦。」王虹推託道。

　　「可問題是我的電腦現在已經出現了問題，三天兩頭的罷工，根本無法讓我專心工作。」老杜抱怨道。

　　「杜老師，辦公室裡這麼多人，經費又那麼一點，我不可能把每一個人都顧及到，所以請妳體諒一下。」王虹有些為難的說。

　　「明知經費少，妳就應該把最基本的需求解決了，妳倒好，換什麼辦公桌？妳聽說過士兵打仗不挑槍，卻一個勁的挑戰場好壞的嗎？」備受電腦問題折磨的老杜顯然沒有放過王虹的意思。

　　自己都已經放低了姿態，可老杜卻依舊不退讓，而且老杜話裡的批判意味太重，這讓王虹感到自己的權威受到了挑戰，於是王虹的語氣也變得強硬起來。「老杜，我換辦公桌也是有我的考量，妳不能因為個人原因就在這裡

第 41 章　和上司頂嘴是自討沒趣

大吵大鬧。員工必須服從組織的安排，所以請妳去工作。」

　　一句個人原因可替老杜扣了一頂不小的帽子，這讓老杜氣得半天說不出話來，而且王虹明顯的逐客之意，讓老杜的火更大了。心想：既然妳不接受下屬的意見，那麼也不能怪我不顧及多年的同事之誼。

　　於是老杜便把自己和王虹的不同意見提交給王社長，那意思是，「王社長你說說，我和王虹到底誰有理。」老杜當然想讓王社長認可自己的觀點，但王社長顯然不想介入其中，又把老杜的 E-Mail 轉發給了王虹。老杜的這封郵件，等於和王虹正式確立了「敵對關係」。

　　老杜把不同意見發給王社長後，也沒閒著，而是極力在辦公室尋找同盟軍。當她找到莫妍，想讓莫妍跟自己一起到王社長面前說王虹假公濟私。莫妍明白，老杜的電腦確實老出現問題，但王虹那公費也沒用到別處，而是用來更換辦公桌，這要真理論起來，也沒有完全勝訴的把握。而且王社長既然把老杜的郵件轉發給了王虹，那也表明了他根本就無心「主持公道」。所以莫妍就勸說老杜別跟王虹鬥了，而且保證以後她的電腦出現問題，自己一定幫忙。但老杜顯然沒有就此收手的意思。

　　於是第二天，便傳來老杜請病假的事。而且還從醫院開來了證明。以此來表示自己對王虹的不滿。可是王虹卻不吃她那一套，老杜前腳剛請假，王虹就把老杜的工作分配給了辦公室裡的眾人。這就是說，即使老杜現在辭職不幹，對於編輯室的工作沒有一點影響。病假一滿，老杜灰頭土臉的來上班，可是她的工作早就被移交到了別人手裡，而且王虹還帶著嘲諷的語氣假意關懷道：「杜老師剛生完大病，不能太過勞累，妳的工作我都移交給別人了，妳就安心養病吧！」

　　這讓本已戰敗的老杜再一次火冒三丈，桌子一拍站起來，罵道：「當了個屁大點的主任就不知道自己姓誰名誰了，妳在這給我得意個什麼勁。」

「杜雪妮小姐，請妳注意妳的措辭，這裡是辦公室，不是妳家。」王虹警告道。

莫妍眼看兩人吵了起來，便急忙走到老杜旁邊，拉了拉她的手臂，本想勸她別再吵了，可老杜可能是真的氣瘋了，沒理會莫妍，開口說道：「哼，今天我就把這裡當家了，怎麼了？告訴妳，我還真不願受妳的鳥氣了，不是把我的工作都分給別人了嗎？那好，老娘我辭職。」

老杜最後一句話，讓莫妍嚇了一跳，本想打個圓場，卻不想王虹接口道：「那好，辭職書什麼時候寫好，不勞妳大駕，我親自來拿。」

說出去的話，如潑出去的水，想要收回來就難，更何況現在的老杜真在氣頭上，根本就勸不通。所以，莫妍眼睜睜的看著老杜丟下辭職書，抱著自己的私有物品走出了辦公室。

工作中，與上司意見不和時，可以和上司進行溝通，但切忌和上司較勁。不然撞到老虎嘴裡，只好「走路」。老杜雖然在嘴上勝了王虹，可是有什麼用，王虹照樣是主任，自己卻丟了工作。

所以說，作為下屬，如果你不是辦公室裡不可或缺的一員，那就別有事沒事的跟上司較勁，你得不到好處的。這年頭能有份安穩的工作不容易，至少生活來源有保障。所以，在職場上，能忍就忍，即使忍不了你也得忍著。你必須明白「小蝦米鬥不過大鯨魚」，你就別再做自不量力的事了。切記，跟上司較勁，沒什麼好結果。

第42章 女人一定要有自己的事業

浪跡法則四十二：任何時候，女人一定要有自己的事業，這是妳
幸福生活的經濟來源。

「我不希望妳太忙於工作，那樣我會心疼的，其實女人也不需要有什麼成
就，只要專心在家做個好太太就好。」於是，很多女人在男人這樣的甜言蜜
語中，辭去了工作做起了全職太太。可是等到有一天，女人卻發現，曾經那
個自信的自己不見了，家庭的瑣碎讓她變成了「易爆品」，最為嚴重的是，丈
夫出軌的理由竟是與自己沒有共同的語言。直到這一刻，女人才發現，原來
諾言會輸給時間，今日的結局早在她選擇辭職在家的那一刻便埋下了。於是
女人開始宣導：女人一定要有自己的事業。

或許，男人當初對女人的諾言是真的，也許是男人「愛」女人的一種方
式，但是讓女人放棄自己的理想去成為「男人背後的女人」，女人終究還是無
法打從心裡快樂。

是的，傳統思想裡女性偉大堅韌、包容、忍辱負重，為丈夫、為孩子、
為事業、為他人勇於犧牲自己的一切。但犧牲真的是美德嗎？是的，女人留
守家庭，所做的一切有時候是因為責任，也是因為愛，所以在付出的時候感
到幸福，付出也是女性自我角色的一種完成。但是過分提倡犧牲和責任會剝
奪女性內心的幸福感和主動的動力，使人們只看到了責任和剝奪，忽略了內

在的動力和快樂。這就好比是被剝奪了生命的祭品，為了一個崇高的理由被放在祭壇上一樣。

傳說世上有一種無足鳥，天空成就牠們最輝煌的時光，永不停息的飛翔就是牠們的宿命。直到有一天，牠們因精疲力竭而墜落在地，才能休息，而這卻是對天空的訣別。女人就是無足鳥，當她們決定投入自己心愛男人的懷抱時，就注定她們對事業的執著說再見。除非是在公家單位，如果是一般公司，她們往往因此就辭職了，懷孕到生產，餵養孩子半年，一切恢復的時候，想起上班就頭疼。首先，清閒的、可以早點回家的工作不好找，無人照顧孩子可不行。其次，細細盤算下來，發現請保母比自己帶還貴，結果，女人心想「還不如我待在家裡照看孩子，這也更有助於孩子的健康成長」。結果，女人就以這樣的藉口做起了全職太太。其實，對事業的沒追求，以及對社會工作的畏懼也是造成部分女人成為專職太太的原因。

女人留守家庭，全家的經濟重擔自然就落到了男人的身上，於是男人在事業上不斷努力和進修學習，業務圈也開始變大，能力不斷的提升，職位和金錢也慢慢提高。而女人卻只能和一些不上班的太太們一起逛逛街，進出一些美容院。此時的女人最大的願望已成了讓老公跟自己耐心的聊一聊天，但是男人卻因為應酬回家越來越晚，即使是回到了家，也是看電視睡覺。於是家裡的吵鬧越來越多，但是吵架，對於一對幸福的夫婦是打情罵俏，而對於冷漠的夫婦，是想打破麻木，打破了麻木，往往是煩，往往是徹底的厭惡。

而且一個沒有事業的女人，總是生活在恐懼中的，她懷著不願承認的自卑，在老公熟睡的時候，偷偷翻查老公的手機，或者公事包，多麼可憐的景象，可是即使妳真的發現了什麼，又能怎麼樣呢？除了無望的苦難，她還能做什麼？如果離婚，她將會陷入絕望，因為生活曾經是她的全部。

其實夫妻兩個人在社會生活中的不同角色，決定了兩個人產生了龐大的

第42章　女人一定要有自己的事業

差異，這種差異，造成了共同語言的減少，女人當初吸引男人的魅力，已經不在，而跋扈和神經質，不斷的騷擾著男人，一直到男人真的有了外遇。

男人有外遇，其實真的不全是因為好色，說句實話，如果當你苦惱於事業的癥結的時候，老婆和你因為雞毛蒜皮的家長裡短，嘮叨個不停。你和她說企業管理，她和你說商場的打折。你很睏，因為壓力，她拿枕頭砸你，你說有多煩，你再定睛一看，對面的女人，面目猙獰，滿嘴泥濘，你還能說什麼。

而有事業的女人就不同了，她們不斷的豐富自己，愛情不是她生活的全部，她和男人太有共同的語言，生孩子對於她，只是一個小小的耽誤。是的，在以前，女人被男人視為附屬物。就像西方神話中所說，上帝用亞當的肋骨造了夏娃，所以代表女性的夏娃始終從屬代表男性的亞當。傳統文化中，「男主外，女主內」的思維也持續了近千年。而在新世紀裡，這些神話和傳統都被打破，女人開始走出廚房，在原本屬於男人的世界裡打拚，並且獲得了驕人的成績。這樣出色的女性數不勝數，她們光彩奪目，成為世人眼中亮麗的風景。

作為一個女人，不管妳屬於哪一種類型，清新淡雅也好，聰明美麗也好，真誠善良也罷，一定要有自己的事業，要有一定的經濟基礎。女人有了自己的事業，才能夠經濟獨立，有了經濟獨立的資本，才能夠談到人格獨立。如果經濟上依賴男人，就只能感嘆、悲哀。

對女人而言，事業相對於愛情都有哪些優勢呢？

（一）　只要妳全力付出，就會有收穫。妳投入的精力越多，產出就越多。妳可以根據自己的工作成果，就薪水問題跟老闆討價還價，老公卻不會因為妳的辛勞，多負擔一部分家務。

（二）　努力工作，妳會有升遷的機會，供妳差遣的部下也就越來越多，

而在愛情裡，妳最多也就是個大事小事一肩扛的管家婆。

(三)　在工作上，老闆對妳的要求是業績，是賺錢，而在愛情裡，妳不但要會賺錢，還要上得廳堂、入得廚房，從物質到感情，從精神到肉體，都需要付出，卻未必能得到等值的回報。

(四)　跟老闆有道理可講，因為雙方有共同目標 —— 贏利。而老公卻經常是無理也要讓他三分，要妳無條件的遷就他，如果一味的講道理，只會讓感情受傷。

(五)　退一步講，對工作不滿意時，妳可以專心尋找好機會跳槽，展開一番新的天地。可是，對另一半不滿意時，就不是妳想換就能換得了的。更為重要的是，跳槽會讓妳越跳越高，而有了一段感情，妳的身價會大打折扣。

[案例]

老杜的離職使莫妍的工作熱情一下子消磨殆盡，再加上老公也極力主張她辭去工作，所以莫妍也開始有了離職的想法。也恰巧快到年關，所以莫妍決定做滿這一年，等到年初的時候再遞交辭職書。

春節回家，莫妍收到了國中同學們的聚會邀請。其實，念大學的時候也曾參加過一次同學聚會，那時候大家還有聯絡。可是有了工作後，大都忙於工作，別說是聚會了，就連平日裡的聯絡也少了。儘管手機裡都存有大家的手機號碼，可是能撥通的沒幾個，即使是撥通了也少了可聊的話題。

來到聚會地點，已經到了不少人。幾年沒見，面孔也變得有些陌生。旁邊走過來一個很樸素的女人跟莫妍打招呼：「莫妍，是妳嗎？」

看著對方一臉欣喜的表情，莫妍直覺自己與她應該是同學，可是在腦海裡搜尋了半天，實在找不到有關於她的任何資訊。於是，有些抱歉的笑了笑問道：「我是莫妍，妳是？」

第 42 章　女人一定要有自己的事業

「哎，真是傷心啊，我可是妳的老同桌孫玲啊！」對方故作傷心的介紹道。

聽到對方報了名字，莫妍對她的記憶清晰起來，可是眼前的這個女人變化也太大了吧！在上學時期，她可是她們班的班花，有多少男同學搶著獻殷勤，為此自己還沾了不少光，分享了不少被送的零食。可是現今，曾經那個苗條修長的身體有些過於臃腫，臉上的斑點和皺紋也讓往日的美麗無跡可尋。身上的衣服儘管價格都不低，可是搭配得有些不倫不類。

曾記得她嫁給了一個家庭背景還算不錯的老公，難道當初是大家誤傳了？吃驚歸吃驚，莫妍還是熱情的回應道：「孫玲，好多年沒見，一下子沒認出是妳。」

「呵呵，可能是我的變化太大了吧！」孫玲有些自嘲的說道。

「呵呵，妳也知道我這個人記憶力不是很好，再加上我們又這麼多年沒見，所以還請妳大人有大量，別記小人過。」莫妍看到她情緒有些低落，便學古人的樣子，抬手做了一躬揖，試圖緩和一下氣氛。

「是啊，多年不見了，不過妳可是越變越漂亮了。」孫玲稱讚道。

女人之間最不能比的便是誰漂亮，否則結果一出來，再好的關係也有崩垮的可能。於是便謙虛道：「哪有，還不是老樣子，一點都沒變。」

兩人正說著，旁邊又有幾個同學過來打招呼，於是一群人便聚在一起談笑開來。不過整個晚會，莫妍注意到孫玲好像是外星人一般，有點格格不入。比如大家一起說學生時代時，孫玲表現得很活躍，可是一談到工作、職場之類的，孫玲就一句話也不說。莫妍心想，是不是她的工作不是很順利。

可一經打聽才知道，孫玲結婚沒多久，便離職在家，專注做起女人的「本職工作」相夫教子。可現在她老公在外面有了女人，正和她鬧離婚呢。「想想她一個女人，沒有工作，離了婚以後的日子怎麼過。看來啊，這女人，

可以丟棄很多東西，就是不能丟了工作。否則哪天男人不要妳了，妳連哭的地方都沒有。」A同學說起孫玲時感嘆道。

　　從聚會回來，莫妍離職的想法開始動搖了。想想孫玲也是大學畢業，可是為了家庭，她放棄了工作。結果，自己成了遠古人，家庭也被第三者插足，最後是要工作沒工作，要家庭沒家庭。可以說是賠了夫人又折兵啊！反觀那些仍有工作的同學，雖然不能說個個都很幸福，但至少境況要比孫玲強上許多。

　　莫妍想，雖說妻子應該相信丈夫，可是男人哪有不花心的。只不過差別在於，有的被發現了，有的仍潛伏在地下。所以，哪天自己的老公也有了外遇，或者是自己的婚姻出現了問題，那麼自己是否能理直氣壯的與他相爭。或者問題嚴重到必須以離婚來解決，那麼自己拿什麼來養活自己？再說了，女人歲數越大，找工作就更不易，更別說是那些曾離職在家的了。所以，莫妍覺得，老公的甜言蜜語聽聽可以，但千萬不可付諸行動。

　　等到過完春節回到T市，老公再次和莫妍談起離職的事時，莫妍說道：「我不打算離職。」

　　「為什麼？」聽到莫妍的回答，老公明顯有些意外，隨後又繼續問道：「我們不是說好了嗎，再說我們也該要個孩子了，而且我的薪水足夠養活一個家。」

　　「我沒說不要孩子，而且報社也有產假。所以工作和孩子根本不矛盾。我也知道你的薪水支付整個家庭開銷都不成問題，可是我喜歡報社裡的這份工作。」莫妍試圖勸說。

　　「可是年前我們不是都已經說好要辭職的嗎？」老公還試圖說服莫妍辭職。

　　「呵呵，那時候由於老杜離職，我有些情緒不穩，所以才說出的那些氣

第42章　女人一定要有自己的事業

話。現在想想，職場就是這樣，有人來，有人去，這是它的必然規律。而且對於老杜來說，離職也不能完全說是壞事，至少她有時間去完成自由撰稿人的夢想了。」

「那妳也可以做一個自由撰稿人啊！」老公仍有些不死心。

「可是我的夢想是做知名的記者，而不是自由撰稿人。老公最好了，一定會理解我的，你說是不是。」莫妍看老公仍不願放棄，於是便撒嬌道。

果然，老公還是對她的撒嬌最沒轍，儘管語氣仍有些悶悶不樂，但還是有些無奈的說：「好吧，如果妳實在不想離職，那我就只能選擇放棄了。哎，早知道如此，就應該在年底的時候就讓妳把離職手續給辦了。」

人若無所事事，就會胡思亂想。尤其是女人，一旦閒下來沒事幹，就會開始想老公是不是出軌了，而且整天為了一些雞毛蒜皮的小事嘮叨個不停，結果孩子厭煩，老公也唯恐避之不及。而且女人一旦失去了事業，就失去了經濟基礎。這樣一來，無論什麼事都得向老公伸手要錢，那麼妳的尊嚴將何以維繫。

我們不能不說孫玲今天的結局，早已在她選擇離職在家的那一刻埋下。相濡以沫並不是兩個人相愛就能一直維持下去的，當妳為了家庭而停止前進的腳步，而男人卻為了家庭不得不前進時，你們之間就開始有了距離，然後這個距離一點點的變大，直到無法感受到對方的心跳，那就是你們形同陌路的時候了。

所以，不管你們的愛有多濃烈，也不要放棄和他一同進步的機會，如此，你們才能站在等高的位置，牽手走得更遠。

第43章　職場裡的愛情總有代價

浪跡法則四十三：辦公室不是家庭，在一個強調階級和地位的環境裡，愛情絕對是危險的。

一兩句笑話，三四次擦身，再加五六次的深夜共同加班，就這樣攪動了辦公隔間曖昧情懷的一池春水。辦公室 —— 一個提到愛情就過敏的地方，卻最容易滋生愛的細胞。相逢必定有緣，忙碌上班族們的愛情，在辦公室狹小的空間裡，滋養生長。畢竟辦公室戀情有「近水樓臺」的方便，不是嗎？

就像初戀總是萌芽於同學之間，一樣的日久生情，一樣的朝夕相處，同事之間的辦公室愛情，不可避免。也許在進退維谷和左右為難中的愛情，才是真正的愛情。否則我們很難解釋，為什麼有那麼多聰明的男男女女，會義無反顧的投入到辦公室戀情的危險漩渦之中。

為什麼說辦公室戀情是個危險的漩渦呢？因為辦公室戀情容易受到人們的質疑。首先，在工作中所堅持的「公平、公正、客觀」的態度和觀點，很可能會在兩人的私人關係中遭到人們的質疑。其次，如果兩人的愛情最終以分手告終，不僅會影響到公司的運作，往往也會影響個人的工作與事業前途。而且辦公室裡每天還要碰頭，那多尷尬啊，畢竟兩人曾經那麼的親密無間過。再次，也許每個人都會以為自己可以不受私情影響，絕對可以做到公私分明。不過，到了那個時候，戀情是否真的會影響工作、精神與辦事能

221

力，通常變得已經不重要了。重要的是，周圍的同事與上司究竟如何看待這件事，因為，人們總是把自己認定的主觀標準當成事實。最後，很多辦公室戀情即使有情人終成眷屬，大多數情況下也總有其中一人不得不為愛情捲鋪蓋走人。跟同事或下屬結婚的樂趣又在哪裡呢？難道是貪圖一起上下班省下的一份計程車錢嗎？現在輪到你分不清這是在談戀愛還是在上班，晚上回到家不光見到的是同一張臉，而且談論的還是相同的話題。你會不會有一種永遠都在上班的感覺？服務於不同部門八竿子打不著的還好些，若同在一個部門裡，或許會變得連聊八卦的樂趣都沒有了吧？

　　其實，對於辦公室戀情，古人早有所勸說。「兔子不吃窩邊草」就是告誡我們眼前長著那麼一片青青綠綠的草，是一件讓人賞心悅目的事，可一旦有一天你把它吞進肚子裡，咀嚼過程可能是滿口生香，但咀嚼過後，你的眼前沒有美景可賞了，同時也多了一雙眼睛，讓你失去本應擁有的自由，不可怕嗎？再說了，距離產生美，辦公室戀情一旦成功，兩個人 24 小時面對面，難道不煩嗎？好感需要距離來保持，天天抬頭不見低頭見，對方的缺點也越看越明白，如此便會加速好感的流失。

　　最為重要的是，辦公室是一個充滿競爭與利益的地方，它不像其他地方，在一個強調層級和地位的環境中，男女戀情絕對是危險的。人際關係專家曾經鄭重的提出警告說：「辦公室戀情比辦公室政治更需要高明的技巧、冷靜的頭腦，否則無法潔身自好。」

　　當然了，辦公室戀情經久不衰，也自有它的道理。我們最容易喜歡什麼樣的人？如果從心理學的角度解釋，就是那些被我們熟悉的、與我們相似或互補的、漂亮或有才能的人。芸芸眾生中，同事最符合以上標準。你們為同一個目標奮鬥，在同一個屋簷下打拚，與同一個主管周旋，和相同的敵人奮戰。在彼此熟悉的人當中，我們總喜歡那些與我們相似或互補的人 —— 互

補實質上是一種高度的相似。誰會不喜歡與自己相似的人呢？喜歡與自己相似的人就等於在肯定和喜愛自己，更不用提相互之間會擁有的那份默契和坦白。再說了，在工作中有更多機會觀察自己的心儀對象，能夠最準確的了解壓力之下他的第一反應：他是一個愛乾淨的人，還是一個易怒的人？是一個古板的學者，還是一個心胸狹窄的小人？這一切都因為工作便利而變得可以瞭若指掌。

所以，往往在戀情開始之前，你們之間等於已經花了很多時間在一起了解彼此，一切都很好，只要不鬧出什麼「辦公室醜聞」就行！

或許正應了那句「男女搭配，做事不累」的俗話，原因在於男女天生就是一個互補的狀態，他們可以在生活、工作、娛樂的時候取長補短的來搭配，一方面可以減壓，另一方面與異性在一起的時候，總是希望展現出自己的長處，所以做事的時候也就更加賣命，力求把事情做得更加完美。但是男女搭配做事不累的基礎，實際上是男女一定要相互合作，比如照顧對方之類。如果一個人努力工作，另一個在旁邊遠遠觀看是不夠的。

總之，辦公室戀情有很多顯而易見的缺點，但面對枯燥的工作、惡毒的老闆、刻薄的公司，還要每天疲於奔命的加班，沒有其他地方去結識異性，這就為辦公室戀情提供了愛情的養分。但是辦公室戀情一定要三思，因為它的副作用具有驚人的破壞力，很有可能會讓你守望了許久的愛情，珍藏了很久的貞操，統統付之一炬。最為重要的是還會讓你在失去了愛情的同時又失去了事業。

［案例］

李娜兩個星期前突如其來的辭職，讓莫妍至今都有些想不通。從一起入職至今，李娜的努力莫妍看在眼裡，莫妍也明白李娜是真心喜歡這份工作。也由於她的努力，現在做起這份工作來是遊刃有餘，而且已經升任為副主

任。可是現在怎麼又莫名其妙的辭職，說是要回母校進修高級口譯，為將來的求職增加籌碼。莫妍覺得這裡面一定有什麼不為人知的原因。

這天，莫妍正在逛購物中心時與李娜遇到了一起，打過招呼後知道李娜也是一個人，於是兩個人便結伴逛了起來。逛了一圈後，兩人便來到了樓下的咖啡廳。終於莫妍問出了這段時間一直困擾著自己的問題：「李娜，妳怎麼突然提出辭職，別跟我說那些客套的理由，作為競爭對手，對妳我還是有些了解的。」

「做了這麼長時間的對手，沒想到最了解我的卻是妳。這真是一件可悲的事情。說句實話，真不想就這麼輕易的在妳面前認輸。」李娜帶著些許無奈說。

「不想認輸就回來一較高下啊！我也不想錯過妳這麼一個競爭對手。」莫妍一臉自信的說。

「呵呵，現在回不去了。」李娜有些感傷的說。

看著李娜情緒有些低落，莫妍打趣的說道：「什麼叫回不去了，別說好馬不吃回頭草之類的話，只要妳李大編輯肯回來，就連社長都熱烈歡迎妳吃回頭草。」

「是我不想回去，也不能回去。」李娜的表情看起來有些沉痛。

「為什麼？需要我幫忙嗎？」

看著莫妍一副為自己著急的樣子，李娜很是感動，這是這段時間來，自己的心情最為輕鬆的時刻，於是在莫妍關切的眼神下，李娜說：「因為丁俊。」

「丁俊？妳辭職跟丁俊有什麼關係？」李娜的話讓莫妍更糊塗了。

「我和他發生了關係。」

李娜這突如其來的一句話，讓莫妍半天緩不過神來。畢竟自己也曾與丁

俊合作過一段時間，儘管他很有才華，很有男人味，但也清楚丁俊已是一個有了家室的人，而且還有個上國中的女兒。可是李娜現在卻說他和丁俊發生了關係，李娜又因此而辭職，難道他們之間不僅僅是一夜情這麼簡單？

「還記得去年 A 地突發的那場土石流嗎？」李娜有些悲痛的說。

「嗯，記得。本來應該是我去採訪的，但臨時又有了變動。為此我還跟王主任鬧了彆扭呢！不會是那時妳就和丁俊開始交往了吧？」莫妍用「交往」這個詞，使得談話不怎麼尷尬。

「那段時間，看著被毀去的家園，看著那些傷殘者，和那些痛失親人的人們，感受到了生命的脆弱。那個時候，一個細微的動作，一個眼神，我們都能明白彼此的想法。也或許是因為過多的死亡在眼前上演的原因吧，使得我們那些壓抑在內心深處的渴望都爆發了出來。那天採訪完後，同行的其他人都去休息了，我和丁俊坐在一起談了很久，從土石流談到了彼此的生活，也是在那天，我知道了那個內心世界豐富敏感的人，卻有一個悍妻，也了解了他內心深處深深的寂寞。或許是因為憐惜，也或許是情不自禁，一切好像發生得順其自然。我想，如果不是他的妻子發現了我們的關係，如果不是那個孩子在我面前說她希望有一個完整的家，那麼我會一直和他走下去，那怕是一直見不了光，我也願意一直陪著他。因為我發現，我的心已從當初的憐惜變成了愛。」

看著那帶著苦澀的淡笑，閃著淚花卻倔強的不讓它流下來的李娜，莫妍感受到了那種深深的愛以及痛徹心扉的無奈。莫妍也明白，李娜也是在用自己的方式來成全丁俊。若是丁俊的妻子鬧到了報社，那麼無論是李娜還是丁俊，都很難避免眾人的冷眼與流言，而這也必定影響丁俊將來的發展。

看著莫妍擔憂的眼神，從往事中回過神的李娜，給了莫妍一個放心的微笑說：「別擔心，我很好。這段時間我已經把這些事放下了，現在我正準備趁

回母校進修的時間來一段校園戀情。」

「是嗎，那我可真為那位被妳這位大媽相中的年輕男孩感到不幸。」聽著李娜故作輕鬆的話，莫妍也打趣的說道。

「喂，居然敢嘲笑我。看我怎麼收拾妳。」李娜假裝去搔莫妍的癢。

「我知道錯了，我再也不敢說妳老牛吃嫩草了。」莫妍故意把「老牛」和「嫩草」說得很重，然後便提前一步向外面跑去。

等到李娜從咖啡廳裡出來，莫妍牽過李娜的手，故作神祕的問：「親愛的，妳知道，對於一個女人來說，最重要的是什麼嗎？」

「反正不是愛情，這個已經在我身上得到了驗證。」李娜一副過來人的樣子。

「當然，愛情這東西只能是用來傳頌的詩句，但若真論起來，一點都不可靠。反倒是衣服，無論什麼時候，都能給予女人美和自信，因此，女人可以沒有一切，但絕對不能沒有漂亮的衣服。我看我們還是趁著年輕，趕緊幫自己挑兩件漂亮衣服才是王道。」莫妍一邊說一邊拉著李娜朝購物中心走去。

辦公室是一個令愛神眷顧的地方，這裡有美麗的溫床，提供給我們愛情的養分，但也會讓我們在辦公室戀情這個危險的漩渦中深受其傷。

李娜和丁俊因為在工作中的不斷接觸而相互吸引，最後超越了同事關係，而升級為男女關係。若是丁俊仍是單身，那麼他們的愛情或許還有圓滿的可能，但關鍵在於丁俊已是一個有家室的人，這也注定了他們的愛情不會有結果。但是在愛情面前，許多人明知無果但還是要去碰觸，結果丟了工作不說，還使自己的身心受到了傷害。

其實辦公室愛情能修成正果的不多，畢竟辦公室愛情一旦離開了辦公室這個特定的環境，也就失去了它該有的吸引力，結果使大多數戀人走向了陌路的結局。

所以，你一生可以談很多次戀愛，但是當你準備開始一段辦公室戀情的時候，一定要考慮清楚，自己是否能承受得了一場辦公室戀情要付出的代價。如果不能，那麼無論是行為上，還是在工作中、生活中，都請你與異性同事保持一定的距離。

第44章　沒有永遠的敵人，只有相牴觸的利益

> 浪跡法則四十四：沒有永遠的朋友，也沒有永遠的敵人，只有相
> 牴觸的利益，一旦利益關係不復存在，那對方很可能會成為最為
> 相知的朋友。

俗話說：「同行是冤家。」這一點表現最突出的例子，莫過於古代君王的兒子對太子位置的爭奪。這些皇子們表面上看起來關係都不錯，但是在私底下卻是明爭暗鬥，甚至不惜兵戎相見。職場中也是如此，一個部門的同事，平日裡的關係看起來也十分和諧，但是裡面存在的不和諧因素等到利益出現的時候，就會一下子爆發出來。

也就是說，在職場上站在同一戰線，可以成為「戰友」，但不能成為朋友。因為今天利益還不相牴觸的時候，他願意成為你的摯交好友，可以為你兩肋插刀。但到了明天，若是利益發生了牴觸，那麼為了生計問題、職位競爭，他也會在你的兩肋插上一刀。

鑑於此，過來人都說，職場上沒有真正的朋友。告誡我們要與同事保持適當的距離。因為在辦公室裡與同事相處，太遠了當然不好，人家會認為你不合群、孤僻、不易來往；太近了也不好，容易讓別人說閒話，而且也容易

令上司誤解，認定你是在搞小圈子。所以說，若即若離的同事關係，才是最難得和最理想的。

　　既然同事之間不能做朋友，那麼若是同事關係不復存在，那麼昔日的「戰友」能否成為今日的知己。這個答案是肯定的，畢竟阻礙在你們之間的利益已經完全不復存在了，更何況曾經的你們朝夕相處，四目相對，在一起度過的時間，甚至比和父母、和另一半還要多。所以，當你們的同事關係消失後，也不要急著丟掉你與他的「戰友情」，因為這個「戰友」最有可能會成為你今後人生中的知己。

[案例]

　　或許真的是應了那句「職場上沒有真正的朋友」，莫妍與李娜從進入報社的第一天起，就一直是最為強勁的競爭對手，雖然同在一個辦公室，但是關係卻一般。

　　卻不想，李娜辭職後，兩人竟然成了好朋友。畢竟曾是競爭對手的兩人，對彼此都有著較深的了解，也曾暗自佩服。現今沒有利益的阻礙，兩人自然就成了朋友。有時候，莫妍會問：「妳說我們兩個人鬥了這麼多年，到了最後怎麼就成了朋友了呢？」

　　李娜笑答：「這誰知道啊！或許是鬥了這麼久，突然不鬥了，反倒適應不了了。不過現在沒有了利益關係，沒什麼可鬥的了，於是便成了朋友了。」

　　莫妍看著遠方說：「嗯，我也這麼覺得，都說這個世界上最了解你的便是你的敵人，如果敵對關係不存在了，那麼不做朋友好像有些說不過去，是不是？」

　　李娜看了看莫妍說：「嗯，是有些說不過去，所以我們成了朋友。」

　　於是兩個人相視一笑，一切盡在不言中。

　　李娜辭職後，王虹讓莫妍暫時接替李娜的工作。可是對莫妍而言，這有

第 44 章　沒有永遠的敵人，只有相牴觸的利益

些難。畢竟在這之前，自己所負責的只是稿件而已，可是現在，莫妍還要與報社簽約的作家溝通。可是那些作家，一個的名氣蓋過一個，自然一個比一個的脾氣大。莫妍一個小小的編輯，與他們溝通確實還不受待見。受了幾次冷臉後，莫妍想到了請李娜幫忙，畢竟以前這些工作都是李娜負責，而且與那些作家都相處得不錯。莫妍向李娜提及這件事的時候，李娜爽快的答應了。然後每天和莫妍一起去拜訪那些作家。不過說來也奇怪，前幾次都不給自己好臉色的那些作家們，聽李娜說自己是她的朋友，態度立刻友善了許多。

「陳老師，莫妍以前是我的同事，現在是我的朋友。她工作能力蠻強的，以後還請你們多多關照。有時間我請你吃飯。」李娜笑著客套道。

「真是的，早知道是妳的朋友，我一定會好好招待。剛開始我還以為是報社派了一個不懂事的小女生來應付我們呢！所以態度上可能有些不好，還希望妳別放在心上。」陳老師對自己前兩次的不友善道歉。

「哎，我這朋友能力蠻強的，當初要不是出了點意外，編輯部副主任哪輪得到我的份啊！」李娜對莫妍抬舉道。

「是嗎？那我以後可得好好請教請教了。」陳老師對著莫妍說。

「陳老師過獎了，要說請教的話，還是我向你請教。」莫妍謙虛的說。

就這樣，莫妍與陳老師的關係算是有了進一步的發展。同樣的，在李娜的幫忙下，莫妍與其他幾個老師的關係也都有了改善。

「說句實話，妳要不是我的朋友，誰願意幫這種忙。不過先跟妳說清楚啊，到時候請他們吃飯的飯錢妳來付。」李娜半開玩笑的說。

莫妍笑道：「行，妳大小姐說什麼就是什麼。說我買單我就只能買單了。不過還真是謝謝妳。要不是妳，想與他們這些有名氣的人打好關係，還真得費一番心思，關鍵是還得花時間。」

「是啊，妳不知道，當初我為了與他們打好關係，可謂是《孫子兵法》、《三十六計》全都用上了。想起那段日子仍是心有餘悸，妳倒好，撿了個現成的。」李娜白了莫妍一眼說。

莫妍乾笑了兩聲，有些討好的說：「這不是有妳李大小姐幫忙嘛，不然僅憑我個人之力，恐怕是《孫子兵法》、《三十六計》用盡了也不見得事成。」

「那倒是。所以妳要好好謝謝我。請我去唱歌怎麼樣？」李娜有些自得的說。

「沒問題，想唱多久妳就唱多久，我奉陪到底。」莫妍拍著胸脯說。

其實莫妍在內心深處是真正的感謝李娜。若不是有李娜的幫忙，別說是這麼容易就把那些難纏的傢伙搞定，就連能否搞定都是問題。看來，多個朋友真的是多條路，所以，不要錯過任何結交朋友的機會。尤其是不要錯過讓昔日的競爭對手成為朋友的機會。因為在這個世界上，他比其他人更懂你的心，也更易給予你最真切的幫助。

沒有永遠的朋友，也沒有永遠的敵人，只有相牴觸的利益。對於職場中的我們而言，一旦利益關係消失，如果多用點心，那麼你與對手成為朋友的機率會很大。因為在利益面前，只有相互欣賞才能成為對手；而利益消失後，這份欣賞就是你們友誼最好的牽引。

莫妍與李娜曾是競爭對手，為了更好的在職場上生存，而拚得你死我活。但當李娜辭職，利益關係消失，兩人卻成了好朋友。這使得莫妍不僅在工作中得到了各種幫助，而且還在生活中有了知心的朋友。

所以，當利益關係消失時，不要急於與昔日的對手擺脫一切關係，而要抓住機會，與對方成為朋友，這會使你以後的人生和職場之路更為順暢。

第 46 章　一味討好，只會失去應有的尊重

浪跡法則四十六：做人要老實，但是過於老實，討好別人，只會讓你失去應有的尊重，成為別人欺負的對象。

在職場上，如果一味的討好他人，對任何人的要求都無法「Say No」，沒有一點自己的主見，沒有一點自己的脾氣……是的，在我們初入職場時，老爸老媽念叨最多的就是「在公司，與同事要友好相處，凡事要多忍讓，不要因為爭一時之氣而毀了自己的前程」。

於是理所當然的，很多人在踏入職場後，完全秉持老爸老媽的教訓，凡事忍讓，一味討好。親愛的，醒醒吧，老爸老媽的觀念早就過時了，相信我，如果你完全按照老爸老媽那一套來，你在辦公室裡的處境絕對不會像你所想的那般好，相反的，反而會變得更糟糕。

其實，賤骨頭這句話並不是完全沒有根據的，反而是對人性的一種印證。如果你對任何人有求必應，一味討好，那不僅不會拉近你與他之間的關係，反而會讓他滋生出一種優越感，一旦他在你面前產生了優越感，在他眼裡你就會低一等，而你對他所有的付出也會被視為是一種理所當然。如果哪一天，你對他的行為有了抵抗，那麼你和他的關係就會徹底玩完，甚至還會

從最初的戰友成為敵人。

是的，為了使辦公室裡的人際關係更為和諧，我們的確需要時常關心一下同事，或者在必要時伸出援手，但這並不意味著毫無原則的完全滿足同事們提出的任何要求。

也就是說，你要想贏得同事們的尊重，就必須有自己的行為處事的原則方針。不能只是一味的討好，放縱同事們對你的無理要求。什麼可為，什麼不可為，必須要有一個清晰的底線。

［案例］

都說新官上任三把火，可是莫妍覺得大家在一起工作了多年，今天自己如果因為職位升遷，就拿出架子，那對自己往後展開工作是有百害而無一利的。所以，莫妍決定還是像平常一樣和大家相處。

這天中午，莫妍正準備去吃飯的時候，看見李穎和吳莉坐在一起說話，可是走近了才聽明白，是吳莉下午有事不能來上班，讓李穎幫她打卡。李穎看見莫妍走了過來，便對吳莉使了個眼色。看兩人因為自己而中止的話題，莫妍有些尷尬，於是便打招呼道：「妳們還沒有下去吃飯啊？要不要我替妳們排隊買飯？」

「不用了。」兩個人異口同聲的回答道。

「哦，那我先下去吃飯了。」莫妍強撐起一個笑容，走出辦公室，下樓去買飯。

樓下的餐廳人很多。買完飯，莫妍端著餐具，四處打量了一下，看到朱娟一個人坐在角落裡，旁邊有一個空位。莫妍正準備走過去，朱娟一抬頭，也看到了她。她看了一眼自己身旁的座位，然後順手把自己的包包往旁邊的位置上一放，占了座。

莫妍心裡泛起一陣苦澀，無奈一笑，另外找位置坐下。

第 46 章　一味討好，只會失去應有的尊重

　　到下午上班的時間，吳莉果然沒有按時出現，而李穎已經悄悄的幫她打過卡了。莫妍並沒有拿這件事情大做文章，她只希望自己的寬容能夠換回同事之間當初的友誼。

　　顯然，事情沒有莫妍想的那般簡單，她一味的討好，非但沒有換來同事們的友好，反而失去了應有的尊重。大家根本不拿她這個副主任當一回事，毫無顧忌的把所有的雜事都推到她身上，而她也為了不給同事們強勢的印象，對任何人都無法說「不」。

　　這樣一來的情況便是，自從成了副主任後，莫妍成天忙忙碌碌，還被其他人看笑話。有時候分配下去的工作，也都用各種藉口推託，這讓莫妍顯得很被動。

　　莫妍知道這樣下去不行，可是又不知該如何處理。這天，莫妍到八點的時候仍在辦公桌前忙碌著，儘管肚子餓得咕嚕響，可是手頭上的工作還沒有處理完。莫妍覺得自己升上這個副主任一點意義都沒有，儘管薪水提高了，可是每天忙得要死，還不如做個小編輯來得輕鬆。

　　正在莫妍埋頭苦幹的時候，發行部經理李俊推門走了進來，關心的問道：「這麼晚了，怎麼還在工作？」

　　「你還不是一樣。」莫妍抬頭看了一眼是與自己相熟的李俊，便又繼續忙於手頭的工作。

　　「什麼一樣，我是手機忘在辦公室了好不好。」李俊自己走過來找了把椅子坐下說。

　　「噢，你這丟三落四的毛病怎麼老改不了。」莫妍頭也沒抬的應和道。

　　「呵呵，不過妳到底在忙什麼呢？大家都下班了，就妳還在這裡忙。」李俊伸頭看了一眼莫妍的電腦問道。

　　「噢，這些圖片還少一些文字。」莫妍指了指電腦上的圖片說道。

李俊瞄了一眼電腦，然後用很吃驚的眼神看著莫妍問道：「妳不會是要跟我說，這六張圖片的文字都是由妳負責的？」

「怎麼了？」莫妍有些不解的問道。

「那你們部門裡的其他人呢？」李俊皺了皺眉問道。

「都下班了。」莫妍輸入進去一段文字回答道。

「如果我沒記錯的話，妳好像已經升為副主任了。而替圖片配寫文字也好像不是妳一個副主任的工作。有妳這麼好的主編，妳手下的這些人算是白吃白喝了。」李俊皺起眉頭說道。

聽到李俊這麼說，莫妍停下手裡的工作，有些無奈的說道：「我也正為此事而苦惱呢，我把工作任務分配下去，大家都有各式各樣的理由推託。都是老同事了，也不好撕破臉，沒辦法，我就自己來了。」

聽了莫妍的話，李俊搖了搖頭說：「莫妍，好人不是這樣當的，工作也不是這樣幹的。妳每天加班替他們工作，他們非但不感激，反而覺得妳好欺負而變本加厲。什麼工作妳該做，什麼工作他該做，妳必須分清楚。如果該是他們的工作，妳下達了任務就要看到結果。妳要做的是合理的安排妳的屬下，使妳的團隊充分的運作起來。如何發揮妳團隊的最高效力，協作完成工作，那才是妳應該要做的事情。」

李俊的話，讓莫妍茅塞頓開。第二天上班的時候，莫妍把記者採訪來的內容交給吳莉，讓吳莉完成文字工作時，吳莉抱怨道：「採訪來的資訊這麼少，而且稿子又催得這麼緊，我一個人怎麼寫得完。」

「吳莉，採訪來的資訊少，工作難度大，這個我可以理解。但是這個版面是由妳負責的，別人也都有自己的工作要做，我們不可能因為妳的原因而把一個版面刪除。所以請妳多費點心，按時把稿子完成。」莫妍耐心的解釋說。

儘管吳莉仍有些不願，但莫妍態度已經說明沒有任何可商量的餘地，那

第 46 章　一味討好，只會失去應有的尊重

到時候因為自己而延誤了出版，可就真的是吃不完兜著走了。

就這樣在莫妍的軟硬兼施政策下，編輯部裡的工作井然有序的發展起來。

一味的討好自己的下屬？對於所有人都笑咪咪的，對於所有人都無法說「不」，沒有一點自己的主見⋯⋯

那非但不會贏得下屬的支持，反而會讓他們對你失去應有的尊重。莫妍本想透過寬容來贏得大家的支持，可是結果卻是，大家早早下班回家，自己卻不得不留在辦公室加班善後。所以，作為上司，你不能失去該有的威嚴。

當然，這並不是讓我們去做一個惡上司，但要做一個好上司，該狠的時候就一定要狠。因為，當你由一個普通的職員成長為團隊管理者後，你所代表的大部分聲音都來自於公司，將從原先的那個戰壕裡面跳出來，跳到他們的對立面去，而公司的立場將是你最新的陣營。

不管你願意與否，你以前的戰友，已經把你當成了敵人。這是一件讓人在感情上難以接受的事情，但是若想成為一個成功的管理者，就必須要有自己行為處事的原則方針。不能只是一味的討好、放縱自己的下屬，什麼可為，什麼不可為，必須得有一個清晰的底線。

第 47 章　送禮是一門深奧的學問

浪跡法則四十七：禮到事自成，職場之上，掌握了送禮的學問，那麼辦起事來就簡單多了。

禮尚往來，自古就有，現今更是把「禮」的作用無限擴大。本來無望的事，送了份「禮」過去，結果事就成了；本來不怎麼親近的兩個人，送了一份「禮」，結果一下子有了情有了義。可以說，送禮是一門辦事的藝術。

當然了，送禮也自有其約定俗成的規矩，送給什麼人，送些什麼，怎麼送都是有學問的，如果瞎送、亂送，不僅不能成事，還會惹來一身麻煩。一般而言，送禮有如下講究：

（一）禮物的選擇有講究。

一般來講，禮物如果太輕，給人的意義不大，很容易讓人誤解為瞧不起他，尤其和自己關係不算特別親密的人更是如此。如果禮物太輕而想求別人的事難度比較大，成功的可能性幾乎為零。如果太貴重，又會使接受禮物的人有受賄之嫌，特別是對自己的上級、同事更應該注意。除了某些非常愛占便宜、膽子特別大的人之外，一般人就很可能婉言謝絕，或即使他收下，也會付錢給你，要不就日後必定設法還禮，這豈不是強迫人家消費嗎？

所以，你在選擇禮品的時候一定要掌握好程度。當然了，最好的禮品應

該是根據對方興趣愛好來選擇，是有一定意義、耐人尋味、品質不凡卻不顯山露水的禮品。因此，在選擇禮物的時候一定要考慮它的意義性、藝術性、趣味性、紀念性等多方面的因素，力求做到別出心裁，不落俗套。

　　另外，禮物一定要避免粗糙，最好精心挑選包裝。禮品不是用於自用的物品，好的內容固然重要，好的形式更為禮物添彩，盡可能把禮物包裝得更漂亮。

（二）送禮的時機和時間的間隔。

　　送禮可以有各種機會，我們每年只能對一個人送上一次生日禮物，但是並不阻止我們在別的時間送上「非生日」禮品，長期以來，非生日禮物一直承擔著增進感情、保持友誼的重任。

　　此外，送禮的時間間隔也有講究，如果過於頻繁或者間隔過長都不合適。送禮者可能手頭比較寬裕，或求助心切，便時常大包小包的送上門去。有人以為這樣是大方的表現，一定可以博得別人的好感。其實不然。因為你這樣頻繁的送禮，給人造成一種目的性太強的理解。另外，禮尚往來，人家還必須還人情於你。一般以選擇重要的節日、喜慶、壽誕送禮為宜，這樣送禮既不顯得突兀奇怪，受禮的收下後也比較心安理得，兩全其美。

（三）事先了解風俗禁忌。

　　送禮之前應該先了解受禮人的身分、愛好、習慣，避免送禮送出麻煩來。例如對一些教育程度高的知識分子，如果你送去一幅蹩腳的書畫，那麼就很沒趣了；向伊斯蘭教徒送去有豬的形象作裝飾圖案的禮品，就可能會被人轟出來。

　　總之，送禮是一門值得研究的學問，因為禮送對了，那也就意味著好運

就到了。

[案例]

　　儘管莫妍一心想把這個副主任做好，雖然大家還是像以前一樣工作，可莫妍也明顯的感覺到了大家的排斥心理。是啊，昔日的戰友，成了今日的上司，換作是自己，心裡也會有些不服。可是眼前最為關鍵的是，要如何改變這種微妙的敵對關係，否則工作不僅難以進展下去，自己這個副主任也只能是曇花一現，三天之後被打回原位。

　　莫妍試圖透過許多辦法來改善與大家的微妙關係，可是都不見成效，反而讓事情變得更糟，就像前段時間的討好政策，不僅沒得到大家的好感，反而失去了應有的尊重。

　　這天，莫妍從外面進來的時候，聽見正在打電話的李穎好像是說孩子生病了，可是根本掛不上號。莫妍一想，自己一個朋友正好在兒童醫院工作，於是走了過去說道：「抱歉，我不是有意聽妳打電話，只是剛好路過。不過我有一個朋友在兒童醫院，要不我讓他幫個忙吧！」

　　正著急的李穎一聽莫妍醫院裡有熟人，眼前一亮說：「真的，那真是太謝謝了。孩子身上起了好多的小紅疹，哭個不停，可是醫院裡人太多，根本掛不上號。」

　　莫妍向醫院裡的朋友說明了一下情況，對方讓李穎直接帶著孩子去找他。於是莫妍把地址告訴了李穎，還幫李穎請了一天的假，讓她安心去帶孩子看病。

　　下午下班的時候，莫妍買了一些水果和零食去李穎家看望。莫妍一進門，李穎滿臉感激的說：「哎，妳人來就好，還買什麼東西。」

　　李穎說完，接過莫妍手裡的東西，拉著莫妍進了屋。小孩吃完了藥，症狀可能好多了，看見莫妍帶來的零食直喊著要吃。由於他身上的紅疹還未

退，李穎沒敢給他吃別的，只是削了一個蘋果。儘管如此，小孩與莫妍很快建立了友好的關係。莫妍心想：以前一直覺得與孩子相處很困難，卻不曾想居然這麼簡單。可是等到臨走的時候，莫妍終於明白，並不是孩子有多好相處，而是因為莫妍所帶的禮物。

「媽媽，這個阿姨真好，幫我帶來了這麼多的好吃的。」孩子童真的聲音傳了過來。

聽到孩子這麼說，莫妍忽然想到，既然孩子因為禮物而喜歡上了自己，那麼其他人是否也會因為禮物而與自己友好相處呢？再說了，不是說拿人家的手短，吃人家的嘴短嗎？或許自己可以試試這個辦法。

經過一番思考，莫妍請老媽從老家郵寄了一些家鄉特產，隨後便拿到辦公室分別向大家各送了一份說：「這是前兩天我媽從老家寄過來的家鄉特產，你們大家嘗嘗。」

拿到莫妍送過去的東西，大家便一邊吃一邊說：「哎，沒想到你們家鄉有這麼多好吃的啊！這些是妳媽買的還是自己弄的？」

「是我媽自己弄的。」莫妍笑了笑回答。

「是嗎？妳媽的手可真巧。而且跟超市裡買的相比，還是自家弄的好吃。是吧！」於是大家開始七嘴八舌的討論起來。

當然了，莫妍藉由一些家鄉特產也達到了自己的目的。大家對她的敵意明顯減少了，而且工作上也都開始積極的配合她。看來，大人與孩子的心性是相同的，只不過一個善於表達出來，一個只是埋藏在心底而已。

禮到事自成，很多時候，一些看似難以辦成的事，如果送上一份對方稱心如意的禮物，那麼事情就會很容易辦成。與同事相處也是如此，平日裡關係一般，甚至是有些敵對的同事，如果巧藉一些機會送上一份禮物，那麼彼此之間的關係將會得到很大的改善。

剛剛榮升副主任的莫妍苦於無法消除昔日同事們對自己的敵意及不服時，孩子一句童真的話語提醒了她。於是莫妍借用老媽名義，把家鄉的一些特產作為禮物送給了同事們，等到大家吃了喝了，自然就不好意思再為難莫妍了，而且也從心底裡開始喜歡上莫妍，結果莫妍改善了與同事們間的僵化關係。

　　可見，禮物在處理人際關係時有著舉足輕重的地位。所以送禮是每個職場人都必須掌握的一門學問。

第 48 章　搞定了飯局，你也就意味著入局

浪跡法則之四十八：「飯」關乎你的生存品質，而「局」決定了你的發展前途。在溫飽已經不是問題的時候，「局」的作用就變得比「飯」更為重要。

在今天，每一個成熟的社會人和「飯局」都有著不解之緣。「飯」關乎你的生存品質，而「局」決定了你的發展前途。在溫飽已經不是問題的時候，「局」的作用就變得比「飯」更為重要。

人與人之間關係連結的管道有很多，同學、同事、親緣、鄉緣等都是關係的紐帶，而如果想使關係更「鐵」，同盟更緊密，飯局是最普遍也最有效的途徑。

既然我們的生存和發展都離不開飯局，那麼解析飯局、操縱飯局的學問就不可忽視。飯局經濟學是一門邊緣卻又現實的學問，看似簡單易行，實則別有洞天。

參加每一場飯局。如果參加，你在飯局上的發言會變成流言；如果不參加，你的流言會變成飯局上的發言。

民以食為天，吃飯天天要吃的。請人吃飯是一種很濃厚的友誼，而接受

242

他人宴請，則是受了很大的尊重。這一來一往間，人情也做了，感情也交流透了。飯局，也是關係融合之道。「飯局社交」中，有組織，有派系，有陰謀，有利益，人們互通資訊，互相依存，透過飯局形成一個又一個形形色色的圈子，並且這些圈子將在你最需要的時候發揮極大的作用。

所謂圈子，所謂資源，所謂能量，所謂交易，最後通通繞不過飯局。

［案例］

編輯部副主任的位子還沒坐熱，又傳來王虹辭職的消息，聽說是近期剛剛檢查出來是癌症末期。這讓大家有些意外的同時更有一些惋惜，畢竟王虹也才四十歲，惹上個這樣的病，那也沒幾年的時間了。

但是王虹這一走，編輯部主任的位子就空了下來，其中最有可能升任的就是莫妍。可朱娟也是一個不可小覷的對手，雖然她來報社的時間不長，但是能力很強，而且以前她曾在一家報社擔任主任一職。

若是在以前，自己還可以和朱娟慢慢競爭，可是現在的情況卻是「國不可一日無主，編輯部也不可一日無主」。所以莫妍覺得自己不能按照常規的思維來對待這次的升遷問題，否則等到別人坐上了主任的位子，自己就只有後悔的份了。可是要怎麼做，才能確保這次的升遷萬無一失呢？這讓莫妍有些毫無頭緒。

等到快下班的時候，李娜打來電話，叫莫妍一起吃飯，順道認識圈子裡的幾個朋友。莫妍正為升遷的事犯愁，於是便拒絕道：「不了，我今天沒什麼心情，妳去吧！」

「哎，今天妳即使沒心情也得跟我去，要知道，對方可是我們媒體圈裡有頭有臉的人物。今天這個飯局我可是好不容易才約上的，若是錯過了這次機會，以後想結識就難了。」李娜鼓吹道。

聽李娜這麼一說，莫妍也心動了。於是便收拾好心情，去赴飯局。等到

了約定地點，莫妍有些不敢相信，平日裡小氣的李娜這次居然動了大手筆，不僅訂的餐廳在當地數一數二，而且所點的菜色都是價碼有些嚇人的。不過等到飯局結束，她們也與對方建立了良好的感情。

等送走了對方，莫妍用手臂碰了碰李娜問道：「平時裡看妳挺小氣的，沒想到今天居然這麼大方。」

李娜白了莫妍一眼說：「我也想小氣啊，可是今天這飯局，是能省錢的場合嗎？」

莫妍還是有些不贊同的說：「可是也不用這麼大排場吧！」

「什麼叫不用，就是因為今天這排場，才與對方搭上了關係，不然誰認識得了啊。如今這年頭，什麼事都是在飯桌上說了算。可以說，搞定了飯局也就意味著入局。」

說者無心，聽者有意，李娜的一番話，讓這兩天苦無方法的莫妍眼前一亮，立刻蹦到李娜對面問道：「李娜，王虹辭職的事妳聽說了吧？」

「聽說了，妳不就是想說妳很快就要坐上正主任的寶座了嗎？」李娜涼涼的說。

「什麼叫很快，八字還沒一撇呢。而且面前還擺著一個強勁的對手。」莫妍說。

「噢，妳是說那個朱娟吧，她確實不容小覷。」李娜點了點頭說。

「所以，我想著現在要是順利升遷，按常規來肯定不行。不過剛才妳一句飯局提醒了我，我想著把辦公室裡的那些人用飯局搞定，妳覺得怎麼樣？」莫妍滿臉期盼的問。

「嗯，這個方法是不錯，可是妳用什麼理由邀請大家呢？總不能說，為了大家支持我晉升為主任，我請大家吃一頓吧！」李娜半開玩笑道。

莫妍略帶著一絲興奮的說：「這個還沒想好，不過理由不是問題。妳

說呢？」

李娜聳了聳肩說：「那是當然，說什麼，怎麼說，還不是妳一張嘴的事。」

聽到李娜的肯定，莫妍說做就做，第二天一到辦公室，就興奮的告訴大家，自己買的彩券中了兩萬五千元，所以今天晚上她請大家吃飯。

辦公室裡的人一聽居然有這樣的好事，立即紛紛回應。然後莫妍來到王社長辦公室，把同樣的說辭再說了一遍，王社長本來想拒絕的，可莫妍說編輯部的人都去，軟硬兼施之下最終還是答應了邀約。

莫妍選擇的餐廳可說得上是當地稍有名氣的，畢竟王社長在，若等級太低，就顯得不夠重視；若等級太高，反而讓人覺得自己有目的。由於那天剛好是星期五，所以大家吃完飯後，莫妍又建議去唱歌，於是一群人又輾轉到KTV，瘋玩到凌晨才紛紛退場。

幾天後，編輯部裡的任命書下來了，莫妍順利榮升編輯部主任一職。朱娟雖有些不服，但看著大家都一副理應如此的表情，最後什麼也沒說。莫妍卻在心裡偷笑，儘管這頓飯花去了自己不少錢財，不過卻換來主任一職，看來還是值得了。真沒想到，小小飯局居然會有這麼大的威力。

搞定了飯局也就意味著入局。現今社會，一些難以搞定的事情，一旦搬上了飯桌，弄進了飯局，那麼再難辦的事也會辦成。可以說，飯局經濟學是一門邊緣卻又現實的學問，看似簡單易行，實則別有洞天。

莫妍之所以能順利的升遷編輯部主任，雖然與她的能力有關，但更重要的是那場刻意謀劃的飯局。畢竟朱娟的能力也不差，而且還有這方面的經驗。莫妍之所以勝出，完全是因為她利用飯局，搞定了編輯部的人以及報社最大的掌權者 —— 王社長，最終獲得了編輯部主任這一職位。

因此，飯局是職場人不可或缺的一種交際方式，觥籌交錯之間，可以

化解很多恩怨，可以和陌生人迅速熟悉起來，認識更多的人，結交更多的朋友。

不可否認的是，飯局可以成為人際關係的潤滑劑。一個常常參加飯局的人，可以在提升社交技巧的同時，發展潛在的人脈關係。而強大的人脈關係，無疑是一個人在社會上立足的重要基礎。有些時候，朋友圈子的建立往往要依賴飯局。在飯局上，可以認識同事的朋友、親戚的朋友、朋友的朋友等。

第 49 章　糊塗是一種手段

浪跡法則四十九：作為上司，你一方面要「時刻保持清醒的頭腦」，另一方面還要「難得糊塗」，掌握好糊塗的分寸。

儘管我們都說混職場就要混得明白，因為職場是複雜和殘酷的，你必須有十二分的防備，你不可以說錯話，不可以做錯事，不可以讓別人留下把柄。但職場也是一個沒有硝煙的戰場，一個聰明的下屬很容易引起主管的嫉妒心理。一個聰明的上司也很容易引發下級想打敗你的念頭。而鄭板橋所總結出來的「難得糊塗」，實在是可以作為萬千聰明上司的座右銘。

作為上司，你應該睜一隻眼，閉一隻眼。對於那些無關痛癢的小事，即使看見了也假裝不知道，而對於那些關乎全局的大事，則要做到不放過一絲一毫。也就是說，作為上司，你一方面要「時刻保持清醒的頭腦」，另一方面還要「難得糊塗」，掌握好糊塗的一個尺度。

為什麼這麼說呢？原因在於，若你過於糊塗，會被人認為沒有主見。但若不糊塗，則會讓人覺得你難以相處。所以，「難得糊塗」在於糊塗的時機，什麼時候糊塗取決於你不糊塗的程度。那麼到底什麼時候聰明，什麼時候糊

第 49 章　糊塗是一種手段

塗呢？有人總結出了以下六點，可供借鑑：

（一）正事聰明些，小事糊塗些

正事有兩種：一種是公司的正事，如本職工作、主管交辦、公司目標等；一種是自己的正事，如合約、薪水、待遇、升遷等等，對這些事都要清楚些；除此之外的事，可算是些小事，可以糊塗些。

（二）會上聰明些，會下糊塗些

開會屬於正式場合，每個人的言論都要有紀錄，所以要清楚些，一定要想好了再說，表態要明確；會下屬於自由言論，言論可糊塗些，不要輕易表態。

（三）工作聰明些，關係糊塗些

對自己的工作一定要清楚，要釘是釘，鉚是鉚，不能含糊；處理人際關係上，變數很大，非常微妙，還是做和事佬、少表態，不背後議論他人，難得糊塗些好了。

（四）上班聰明些，下班糊塗些

上班多辦正事，盡可能保持清醒頭腦；下班言論放開，同事小酌話語偏多，要多糊塗些為好。

（五）想好聰明些，未好糊塗些

職場上會遇到許多事，對已經深思熟慮、想好的事，可表現得聰明些，提出自己的、有獨特見解的意見和建議來；對突發的時間、自己拿捏不準的

事情，要表現得糊塗些，不要輕易表態，等想好了後再提出自己的意見來。

（六）男女聰明些，同性糊塗些

男女糊塗，是職場大忌，想要在公司發展，就要注意。否則，就會因小失大呀！

[案例]

辦公室裡的許多資料書都不見了，明顯的，辦公室裡有人的手腳不乾淨。這還得了，王社長把莫妍叫到辦公室，就此事做了事先談話。

新官上任三把火，為的自然是越燒越旺。可是自己剛一上任就遇上這件事，若是稍有差池，別說是旺了，很可能會把火給撲滅了。回到辦公室，透過玻璃窗，看著大家認真工作的表情，莫妍越發覺得這件事很棘手。辦公室裡沒有安裝監視器，而每個人的辦公桌上也都擺放著大量的資料書，如若有心，下班時隨便往包裡一塞就能帶出去。可以說，現在辦公室裡每個人都有嫌疑，但是真正的主事者卻只有一人。上司與下屬之間的相互信任很重要，如果自己在辦公室裡公開徹查此事，勢必會讓自己與大家的關係惡化，即使是查出了主事者，自己在大家心目中的形象也會一落千丈，以後工作的進展也勢必會受到影響。

思前想後，莫妍和王社長又進行了溝通，最後，決定按照莫妍所想的方案執行。這天上午，莫妍便把大家召集到了一起。王社長氣憤的把資料書失竊的事情跟大家說清楚，發了近一個小時的火後，王社長要求莫妍徹查此事，並且嚴辦，然後氣呼呼的走了出去，而辦公室裡每個人的臉上也都有了山雨欲來的沉重。

在大家關注的眼神下，莫妍開口道：「剛才王社長的話，大家都聽到了，我想這其中肯定有什麼誤會。儘管我對你們每一個人說不上是百分之百的了

第 49 章　糊塗是一種手段

解，但與大家相處了這麼長時間，我對你們也都有一定的認識，我相信大家都不會做這種事。可能是誰在寫稿子的時候把資料書帶回了家，結果忘了帶回來，也可能是外來送快遞的，趁大家不注意時來了個順手牽羊。如果是把資料書帶回家了，那用完了就送回來。當然了，為了不讓大家背黑鍋，以後辦公室裡外人來了，大家也都留個心眼。王社長剛才的情緒可能激動了點，這件事大家別放在心上，問題沒有你們想得那般嚴重，該做什麼就做什麼，我也絕對相信這件事與我們當中的任何一個人無關。」

透過玻璃窗，莫妍看著大家仍顯沉重的表情，知道王社長的那把火已經燒到了每個人的心裡。儘管自己表態相信他們，可是任誰都清楚，是辦公室裡的某一個人手腳不乾淨。可以說現在整個辦公室是人心惶惶，主事者怕自己被揪出來，而其他人在氣憤的同時，也怕自己成為被懷疑的對象，甚至替別人背了黑鍋。

但是在之後的幾天裡，莫妍在辦公室裡對此事是隻字未提，就連王社長也沒有訊問過此事，好像那天的事情根本沒發生一樣。然而，莫妍卻發現，那些失竊的資料書正一天天的回歸原位。而莫妍處理此事的方法，也贏得了大家的認可，可以說，莫妍新上任的這第一把火燒得很旺。

「不戰而屈人之兵」是孫子兵法中的上上計，莫妍並沒有像王社長那樣大發雷霆，也沒有堅持把事情徹查，而是採用了糊塗策略。把問題含糊帶過，但卻表明了自己對大家的信任。這樣一來，無論是主事者，還是被牽連者，都會從心底裡感激莫妍。畢竟在被懷疑的風口浪尖上送來的信任，對任何一個人來說都是最為需要的。

其實在這件事上，如果莫妍真如王社長所說徹查並嚴辦，等到查清了主事者，讓他在眾人面前丟了面子，失了尊嚴，那麼在以後的人生道路上，她就多了一個敵人。而那些當初被牽連的人，也會因為她對他們的不信任，而

對她大失所望。那麼她以後的工作也將很難發展下去。

　　可見，很多時候，我們並不需要做到事事洞明，反而要裝裝糊塗，這樣做，不僅能讓事情得到圓滿的解決，更重要的是不會對你造成任何的負面影響。

第50章　忠於職守是你最好的口碑

浪跡法則五十：忠於職守是絕對需要的，否則只會讓你的職場之路越走越窄。

有句話說：「男人無所謂正派，正派是因為受到的引誘不夠；女人無所謂忠誠，忠誠是因為挑動背叛的籌碼太低。」籌碼越高，背叛的機率也就越大。至於這個籌碼，可以是金龜婿，也可以是金錢、權力等。

但對於職場中的我們而言，當一份更高頭銜的工作或者更高薪的工作擺在你面前時，不知你能否經得起誘惑？

但需要提醒的一點是，背叛除了要考慮籌碼外，還需要考慮代價。你必須明白，當你選擇背叛公司時，就會付出名聲、人格的代價。因為一個對公司不忠誠的人，他的人格將會受到別人的質疑。也由於你的不忠誠，通往成功的道路也會為你而關閉。因為沒有人能毫無顧忌的任用一個有過「背叛行為」的人。沒有忠誠觀念的員工，就如同安放在團隊之中的一枚不定時炸彈，沒有任何一個領導者會在這個問題上有所妥協。如果一個人為了一點點利益就犧牲公司利益，那麼無論你的腦子多麼聰明，無論你的能力有多強，你都是職場上不受歡迎的人。

對於任何一個公司而言，學歷的高低、能力的強弱、經驗的多寡、潛質的大小……都可能成為判定和挑選人才的重要參考因素。企業性質不同，發

展方向各異,對員工需求的側重點自然也不一而足,但是,幾乎每一家優秀的企業都強調員工的忠誠觀念,認為忠誠第一、能力第二,忠誠是一名優秀的員工應當具備的基本素養。所以,你若想在職場上有所發展,任何時候都必須做到忠誠。

[案例]

今天再次接到杜剛的電話,莫妍真找不到什麼理由拒絕了,想當年人家諸葛亮出山,也只被劉備請了三次而已,如果自己再拒絕,顯然有些過於顯擺的嫌疑。可是莫妍也明白,杜剛這三請的架式肯定是有事,不過他葫蘆裡到底賣的是什麼藥,還是得走著瞧。

由於莫妍不怎麼熱衷於日本料理,所以這類餐廳她都很少問津。不過當她來到杜剛所說的日式餐廳時,看著純日式的裝潢,還是禁不住多看了幾眼,像這種身穿和服,腳踩木屐也只是在電視裡看過,至於榻榻米也只是聽過而已。看杜剛坐在那裡表情凝重、很正式的樣子,莫妍心想他一定經常來這裡。不過看著杜剛一副心事重重的樣子,莫妍知道這一定跟他今天請自己吃飯的事有關。

「怎麼,今天的料理不好吃嗎?」莫妍打趣的問道。

「料理很合胃口,只是最近有些煩心事而已。」杜剛有些垂頭喪氣的說。

「什麼事?不會今天請我吃飯……」

看著莫妍一臉不高興的樣子,杜剛急忙解釋說:「是有件事請妳幫忙,不過也不是什麼大事,就是想請妳在王社長面前多美言幾句,順道也向王社長做個提醒,讓他盡快安排我的職位。」

「向王社長做個提醒,這話是怎麼說?我怎麼越聽越糊塗了。」莫妍想不明白職位調派還需要做個提醒嗎?

「是這麼一回事,當初我進社裡的時候,王社長承諾會讓我擔任副主編,

第 50 章　忠於職守是你最好的口碑

可是現今我到社裡已經三個月了，不僅副主編沒有，而且安排給我的工作也都是一些無足輕重的小事。所以我猜想著是不是王社長把我這件事給忘了，所以想讓妳在王社長面前做個提醒，也讓我早日安了心。」

看著杜剛一臉懇切的樣子，莫妍心想，既然這件事是王社長的承諾，那麼就理應兌現，而自己也只是向王社長提一下，這應該不是什麼難事。不過莫妍還是為自己留了條後路說：「嗯，向王社長提一下我可以試試，只不過，事能不能成，我就不敢保證了。」

聽到莫妍的話，杜剛臉上立刻笑開了花回應道：「只要有莫編這句話就成。」

莫妍儘管把杜剛的事應承下了，可是她並沒有急於向王社長提起，而是思前想後考慮了好幾天。據莫妍了解，杜剛在來這裡以前，在前任報社雖然只是一個編輯，但是業務能力很強，由於主編靠山強硬，一直未能得到升遷，因此才跳槽到這裡。按理說，在這裡擔任副主編一職還能勝任，更為重要的是王社長已經有所承諾，所以這天，匯報完工作後，莫妍便向王社長提起了杜剛的事。

「社長，杜剛讓我向你打聽一下，有關於他職位調動的事。」莫妍觀察著王社長的臉色，小心的問道。

「噢，這件事啊！妳覺得他能勝任副主編這一職嗎？」王社長有些高深莫測的問。

「其實對於杜剛我不是很了解，只不過他向我提了這件事後，我對他以前的工作經歷大概了解了一下，能力很強，擔任副主編的話，應該能勝任。」莫妍說出了自己的看法。

「呵呵，就是因為他能力強，我才不敢讓他擔任副主編。」

王社長的話把莫妍弄糊塗了，不是能力強更應該擔任重要的職位嗎？於

是莫妍不解的問道：「為什麼？」

「我想，若妳知道了他當初是怎麼進我們報社的，就能明白我為什麼會這麼說了。」王社長看了一眼莫妍繼續說道：「還記得前段時間我們與《A時報》之間的那場爭戰吧！」

經王社長這麼一提，莫妍想起前段時間為了那場爭戰，自己沒天沒夜的忙了整整一個星期呢，於是莫妍點了點頭。

「其實論實力，《A時報》確實比我們要強出許多，但由於那期選題企劃和幾個新客戶，我略勝出了一籌。其實那幾個客戶本來正準備與《A時報》簽合約，卻由於杜剛向我們透露了一些資訊，才使我們順利的把他們爭取了過來。當時，為了報社的發展著想，我不得已才應承下了讓杜剛擔任副主編的要求。可是現在讓他擔任副主編，我想想都覺得後背發涼。若是那天惹他不開心了，那損失可是無法估算的。所以我寧可自己背個小人的名義，也不願讓杜剛擔任副主編一職。而且我正想著找一個合適的時機讓他離開公司呢！」

從王社長口裡聽到這一情況，莫妍有些難以消化。記得從發行部王敏那裡聽說那次之所以能爭取到客戶，是因為王社長的功勞，卻不曾想到，發揮關鍵作用的竟是杜剛。不過想想，讓杜剛這樣一個以出賣前任公司資訊而獲取職位的人擔任副主編，確實過於危險。莫妍想，若自己是王社長，那她也寧可選擇背信棄義一次，也不願報社擔一絲的風險。

從王社長那裡了解了實情沒多久，莫妍又接到了杜剛的電話，詢問關於職位調動的事情。對此，莫妍從王社長辦公室出來的時候已經想好了說辭。因此，莫妍解釋說：「你的事我已經向王社長提了，王社長說他也一直把你的事放在心上，可是你知道，這職位調動也不是一時半刻的事，總要等待一個恰當的時機，不然你即使是當上了副主編，辦公室裡也會有諸多說辭，這對

你以後工作的發展很不利，所以這件事還是不能操之過急。」

聽了莫妍的話，杜剛說了一些感謝的話就掛了電話。而經過這件事，莫妍也理解到任何背叛都等於是把自己推入了萬劫不復的深淵。

以杜剛的能力，想在職場上混個一官半職根本沒問題，只是時間的問題。可是由於他在面臨個人利益和公司利益的時候，背棄了公司利益，本以為能憑藉著出賣公司利益而在新公司得到更好的發展，卻不知在他選擇背棄前任公司利益的那一刻，也等於把自己的前途給毀了。

儘管他以前任公司的利益為交換，獲得新公司副主編一職的承諾，但就正如你不能容忍戀人的背叛一樣，老闆也不能容忍你的背叛。

所以，在利益誘惑面前，請做到忠於工作，這樣你才能得到你想要的。

第 51 章　什麼都要管，遲早要累死

浪跡法則五十一：作為主管，最忌諱的就是多管、亂管和不管。
聰明的主管都知道該管的就管，不該管的就不管。

　　領導無形，管理有道。事無大小，事必躬親並不意味著你是一個成功的領導者。相反，現實生活中，不少企業的領導者長年累月的忙來忙去，結果把自己累個半死，可是公司的業績卻沒有明顯的成長，甚至還有下滑的現象。

　　出現這種現象的很大一個原因，就是他們沒有明白這樣一個真諦──領導於無形，管理須有道。作為一個領導者，如果管得過多過細，包辦一切，會打破正常的管理秩序，使管理處於紊亂的狀態，影響到公司的效益。而且，這種做法還會讓員工變得不願動腦，不願思考，因為上司什麼都包攬了，他只需要伸手，便可完成工作，出了問題也不需要承擔責任，員工樂得輕鬆，而上司累得要命。

　　其實，真正懂得領導真諦的人，不會什麼事情都親力親為，而是懂得適當授權，為自己減負的同時，也增強了團隊的凝聚力和向心力，同時，還有利於發現人才，並提高團隊的競爭意識，提高公司的效率。以下幾點是領導

授權中必須注意的幾點：

（一）主管在授權之前，需要確定授權的範圍

授權的範圍，是依據工作目標，結合授權對象的工作能力等因素來決定的。不要授予難度太大的工作，這樣下屬會因無法承擔事後的責任，而影響他的自信心，而且上司的形象也會在下屬心中大打折扣，這對公司和個人都是極為不利的。

（二）授權的形式要正規

授權形式正規是為了引起員工的重視，使他們以正確的工作態度，正視授權這種企業管理的行為。因此，在授權的時候，最好不要把某個下屬單獨叫到辦公室進行口頭授權，而是當著所有員工的面，以書面的形式對其授權，並明確其權力和責任。

（三）授權之後，加強監控

不能在授權後就完全不管，畢竟授權也是對下屬的一種鍛鍊和考驗。特別是那些第一次接受任務的員工，他們缺乏經驗，身為上司，就有必要對其加強監控，以便能及時提供幫助，使其更好的完成任務。而對於下屬員工來說，如果第一次就能很好的完成任務，不僅累積了工作經驗，還增強了工作的信心，這對他日後的發展也是很有好處。

（四）授權過程中，注意給每個下屬平等的機會

授權也是為員工找尋搭建成長的平臺，而這個平臺並不是特定為某個人搭建的，而是面向所有的員工。讓每一個員工都有晉升的機會，這樣才能讓每個人都展現自己的優勢。因此，在工作中，主管應鼓勵每個人自願擔任一

些任務，在這樣開放的環境下，讓員工承擔不同的授權任務和責任。

（五）授權應避免出現不完整的狀況

在工作中，要注意所授予的權力要與其承擔的責任相對應，否則，就會出現權利的割裂，造成權力與責任的不對等，導致任務無法按時完成。

總之，要想成為一個優秀的管理者，你就要懂得適當的授權，使自己的團隊發揮最大的效能，而不是事無大小的過問。

［案例］

以前當員工的時候，總覺得王虹工作很清閒，可是事情真正到了自己身上，才發現，看與做是有著很大差別的。

權力大了，做的事情也就多了。就像自己，自從升任為編輯部主任後，每天忙得團團轉，大大小小的事情都等著自己去做，有時候連喝口水的時間都沒有。看來「天下沒有免費的午餐」說得一點都沒錯，想拿高薪，就要付出更多的辛苦。

自從上次去醫院慰問過王虹一次後，莫妍有一段時間沒與王虹聯絡了，雖說自己與王虹算不上是朋友，但畢竟是共事多年，再說王虹現在又是一個病人，於情於理，自己都應該表達一下自己的關心。

特地去花店買了一束鮮花，莫妍來到了王虹家。都說病魔是最可怕的敵人，看著王虹毫無血色，變得有些稀疏的頭髮，莫妍才真正意識到這一點。與王虹聊了一下，問題自然而然的轉到了工作上面。

「聽說妳現在成了主任了，怎麼樣，還能勝任嗎？」王虹帶著虛弱的笑問。

「怎麼說呢，以前看著妳工作時蠻輕鬆的，可是現在輪到我自己做了，每天忙得團團轉，最後還什麼事都沒做。我都開始覺得自己是不是不適合做這

個主任。」莫妍有些氣餒的說。

「呵呵，怎麼能這樣說呢，沒有人生來就什麼事都會做，還不是從一點一點成長起來的。妳可能是剛接手，還不怎麼適應吧！以後常做，等熟練了就好了。」王虹鼓勵道。

「是嗎，我覺得有些難。對了，妳是怎麼做的呢？我以前總覺得妳沒像我現在這麼忙啊！」莫妍問出了這段時間來一直埋在心底的疑問。

「忙是肯定的，但是肯定沒有妳說的那麼忙。不知道妳每天是怎麼工作的？」王虹想了想問道。

「我就是到報社，然後一件事一件事的處理啊！可是等到下班的時候，仍然有一些事情沒處理完。說句實話，自從接任了主任一職，我很少在九點之前下班的。」莫妍有些苦惱的說。

「妳剛才說妳是一件一件處理？」王虹聽出了莫妍話語中的問題。

「對啊，怎麼了？」

「看來問題可能出在這裡了。可以這麼說吧！人的精力和時間是有限的，每件事情的重要程度也是不相同的，很多時候都是因為在有限的時間裡做了太多不重要的事，以至於擠走了做重要事情的時間。這樣做，得到的成效不大，而且還會顧此失彼。因此，做事情必須分清主次，知道哪個更重要，哪個緊急，哪些不太重要。然後把時間都用在高回報的地方。這樣做起事來不僅有條不紊，而且成效也大。」王虹認真的傳授著自己的工作經驗。

莫妍真誠的感謝道：「我說呢，怎麼老覺得妳以前工作的時候沒我這麼忙，原來是這麼一回事。都說聽君一席話，勝讀十年書。我今天是聽了妳的一席話，以後工作肯定會省去不少事。」

王虹笑道：「呵呵，妳都誇得我不好意思了。不過妳還得注意一點，那就是每個時段，大腦的功能也都不盡相同，一般而言，上午八點時，大腦具有

嚴謹、周密的思考能力；下午二點時，思考能力最敏捷；而晚上八點時，卻是記憶力最強的時候，但邏輯推理能力在白天 20 小時內是逐步減弱的。基於以上現象，早晨處理比較嚴謹、周密的工作，下午做那些需要快速完成的工作，晚上可做一些需要加深記憶的事，對於這些做某項工作效率最佳的時間，一定要加倍珍惜，而那些效率低的時段，你則可以做適當的休息來緩解疲勞，這樣做不僅勞逸結合，而且成效也高。」王虹毫無保留的把自己的工作經驗告訴了莫妍。

莫妍想了想，很有道理，於是點頭道：「呵呵，以前常聽勞逸結合，一直以為是工作一段時間後就休息，今天聽妳這麼一說，才對這個詞有了科學的理解。」

「呵呵，其實剛才說的勞逸結合，我自己也沒有試過，只是最近常去醫院，從醫生那裡聽來的。不過如果我早知道這一點，也不會把自己弄到今天這個地步。」王虹有些感傷的說。

看到王虹的情緒又開始變得低落，莫妍忙安慰道：「王老師，雖然都說癌症是絕症，可是也有治癒的例子。關鍵還是妳要對自己有信心，心情好了，身體的抵抗力就強了，再大的疾病也都被嚇跑了。」

王虹坦然一笑道：「呵呵，妳說得對，既然事已至此，再多的傷心都已無用，還不如開開心心的過一天算一天。」

莫妍點頭說：「嗯，沒錯，快樂、不快樂都是一天，與其讓不快樂浪費生命，還不如快快樂樂的享受生活呢！」

王虹建議道：「妳也是，別一心撲在工作上，也要好好享受生活。雖然說做了上司事情就多了，不過有些事情根本就不需要妳去處理，只要交給下屬，自己在旁邊看著就好。剛開始這樣做或許會有些擔心他們做不好，其實什麼事都是人做出來的，只要你敢讓別人做，他用點心，肯定能做好。所以

當了上司最重要的是學會授權，這樣做，不僅自己工作起來輕鬆，而且也給了別人表現的機會！」

莫妍想了想說：「呵呵，聽妳這麼一說也是啊，我還一直擔心他們不樂意呢！一直以為當上司沒什麼，沒想到裡面有這麼多的學問呢！」

「那是當然，不然要像妳這樣，什麼事都自己做，那還不都得累死。」王虹嘲笑道。

自從聽取了王虹的建議，莫妍便積極的應用到了工作當中，而事實也證明，這方法真的很管用，不僅幫自己節省下了不少時間，而且還很有成效。看來，任何事情只要方法對了，那麼問題也就會變得簡單。

做為領導者，安排好自己的時間，給下屬適當的授權，不僅能讓我們有更多的精力去處理重要的事情，而且還能讓下屬感覺到自己的重要性，增強團隊的凝聚力和向心力。

莫妍之所以覺得很忙，根本的原因在於她沒有抓住工作的主次，而是盲目的拿起一件事就做，還有就是不懂得適當的授權，自己包攬一切，結果自己累個半死，下屬們卻樂得輕鬆。

因此，要想做一個成功的領導者，從現在開始，就培養你統籌時間的做事習慣，學會充分的授權，這樣我們做起事來才會輕鬆而有效率，達到事半功倍的效果。

第 52 章　工作不是生活的全部

浪跡法則五十二：競爭是激烈的，職場是殘酷的，但你還是要學
會享受生活，否則每天這般苦著自己又是為了什麼。

　　自古忠孝兩難全，而對於現今社會的我們則是工作、生活難以做到兩
全。畢竟除去工作的時間和加班的時間，真正能與家人相處，享受生活的時
間很少。但若享受生活的時間過長，則勢必會影響工作。於是我們很難做到
工作與生活之間的平衡。

　　但即使是如此，還有一些工作狂類的人，仍然要讓工作膨脹到占據整個
下班時間，甚至是整個身心。或許你會說，不加班如何去讓自己在競爭激烈
的職場上立足，不加班如何賺錢養活家人。是的，現實是殘酷的，是的，沒
有工作的生活，讓我們無所適從，覺得自己像寄生蟲，或是飄飄的沙鷗。但
這並不意味著我們要為了工作而放棄生活。你必須明白，工作是為了更好的
生活。如果你的工作已經讓你感覺到影響了你的生活品質，夜不能寐，食不
知味，讓你心情低迷，雖然說人要知難而上，但人生苦短，無論性別，總共
就這麼幾十年日子，如果為了工作而錯失了生活的美好，那真的是有點得不
償失了。

　　是的，「不求上進」、「自我滿足」的漁夫，按照自強不息、不落人後的傳
統精神理念，簡直可以作為反面教材供人訓誡子弟。可是換個角度想一想，

第 52 章　工作不是生活的全部

要想實現現今社會所定義的所謂成功，就很可能需要我們在身心健康、家庭和社會生活以及個人自由方面付出過大的代價。當你不必那麼努力工作就可以得到快樂和幸福的時候，你長年累月的辛苦工作和犧牲又有什麼意義呢？

名望和財富可能被列入了你的生活回報清單，但為了要得到這些東西，你在時間、精力、個人犧牲和風險方面付出的代價遠遠高於你想要付出的。你要明白，工作固然可以讓人發揮才能，累積財富，事業也可以蒸蒸日上，可健康卻往往不可失而復得。

所以，即使你生活在繁忙的都市，無窮的工作壓力，讓你忙得團團轉；在紛繁複雜的生活夾縫中也很難找到一間屬於自己的房子……但無論生活怎樣，都請你不要過著「明天不知會怎麼樣，但今天好累」的生活，把自己那根緊繃著的弦放鬆一些，享受生活的美好。

［案例］

躺在醫院的病床上，感覺點滴流進自己的身體，可莫妍仍有些不敢相信，自己居然成了病人。在她的認知裡，連咳嗽感冒都很少光顧她，根本與那些大病和職業病無緣。可現在是什麼狀況，自己在上班時間暈倒被送往了醫院。

天吶，自己還不到 30 歲就已經這樣了，那麼以後還不得天天跟藥打交道，三天兩頭的往醫院裡跑。再想到王虹生病時的樣子，莫妍忽然覺得自己以後的人生一片黑暗。

正在這時，老公張輝手裡提著飯菜走了進來，看到莫妍醒了，急忙走過來，關切的問道：「怎麼樣，有沒有覺得哪裡不舒服。」

看著老公著急的樣子，莫妍心裡一酸，淚水浸滿了眼眶。這可把張輝給急壞了，以為是莫妍哪裡疼，伸手要去按呼叫鈴。手剛伸到一半，被莫妍給擋了下來。莫妍給了他一個放心的微笑說道：「我很好。」

「是嗎，那妳為什麼哭？」張輝仍有些不放心的問。

莫妍不想告訴老公自己是害怕無法與他相守到老而哭，於是便錯開話題說道：「沒什麼啊，想哭就哭了啊，你今天怎麼沒去上班？」

「妳住在醫院裡，我怎麼還能安心上班。」張輝體貼的幫莫妍升起了床頭，好讓她舒服一點。

「我真的沒什麼，打兩瓶點滴就沒事了。可能是這段時間太累了。」莫妍安慰道。

「知道累還拚命工作，當初我真不該順著妳，我們家又不是窮得過不下去，妳還非得出來工作，還把自己累到醫院裡。妳說我該怎麼說妳。」張輝有些無奈的說。

「那是因為你心疼我，知道我喜歡這份工作。所以不忍心嘛！」莫妍撒嬌道。

「知道我心疼妳，妳還把自己給弄進醫院。事先說明，我可以不干涉妳的工作，但妳必須向我保證，絕不能讓今天的事再次發生，不然我堅持讓妳辭職。」張輝故作嚴肅的說。

聽到張輝的話，莫妍的鼻子又一陣發酸。她知道，因為工作的關係，自己冷落了他不少，尤其是升遷後，更是把大部分的精力都用到了工作上，根本無暇照顧他。反倒是張輝，主動承擔起了家庭瑣事，為莫妍解除了後顧之憂，還沒有一點的抱怨。莫妍也知道，婆婆一直在催他們早生孩子，而且張輝自己也很想要個孩子，但是為了顧及自己的意願，張輝一直未提有關孩子的問題，而且還幫自己擋下了婆婆這一關。

以前她覺得事業是自己這一生中最重要的事情，但是這次的生病讓她認識到，自己最重要的並非是事業，而是家庭。就像生病這幾天，同事們只是打了個慰問電話，而真正守在身邊照顧自己的還是張輝。莫妍覺得與張輝的

第 52 章 工作不是生活的全部

愛相比，自己的愛是那麼的渺小，是那麼的自私。自己以愛的名義享受著張輝給予的所有，卻從未真正站在張輝的立場上替他想過。原來，愛並不是說愛就是愛，而是在生活的點點滴滴中表現出來的。

莫妍覺得自己不能再這麼任性下去了，所以，當張輝洗完便當盒回來的時候，莫妍對著他說道：「張輝，我們生個孩子吧！」

聽到莫妍的話，張輝愣了一下，然後眼睛變得很亮很亮，嘴角也開始慢慢勾起。他走過去，給了莫妍一個大大的吻說道：「親愛的，妳不知道我等妳的這句話有多久了。今天我的願望終於實現了。」

看著張輝快樂得像個孩子一樣，莫妍忽然覺得，幸福原來也可以很簡單。

現代社會節奏飛快，許多人都因忙於工作，而忽略了家人，忘卻了生活的真諦。這使得許多人成了「職場的贏家，生活的輸家」，能達到兩者皆贏者，好像是少之又少。其實家庭和工作並不是二選一的必選題。忙於工作並不意味著要放棄生活。你必須明白，工作是為了更好的生活，如果因為工作而失去生活是得不償失的。

莫妍因為忙於工作而忽視了健康，更加忽視了對家人的關照，甚至因為工作而讓天倫之樂一再擱淺。直到自己躺在病床上，她才認知到了家庭的重要。

因此，身在職場的我們，不能一心只想著工作，而要做到「工作時，我為人人；生活時，人人為我」。

第 53 章　厚臉皮也是一種職場競爭力

浪跡法則五十三：在職場上混，你首先要練就的就是一張厚臉皮。

我們應該讓自己體面的生活，這是理所當然的事情。我們應該懂得廉恥，知道羞恥感，這才是常識，也是道理。作為人類，應當臉紅的時候就臉紅。但是我卻要告訴所有在職場上混的人，要想混出一點名堂，臉皮一定要厚。

從否定的角度來看，厚臉皮是一種不要臉的表現，反之則是勇氣的展現。因為厚臉皮只有在克服相當大的恐懼時才能表現出來，也不是任何人都能做到的。膽怯、小氣、靦腆的人想要厚臉皮可不是一件容易的事情。

什麼叫勇氣？那是指面對危險與恐懼的時候，可以斷然面對的精神上與道德上的能力。馬克吐溫曾說過：「勇氣不是指無法感到恐懼，而是指面臨恐懼時的抵抗與克服。」誰都會感到恐懼，但能夠用意志去跨越困境才是勇氣的表現，能做別人做不到的才稱得上是勇氣。

因為臉皮足夠厚，我們不在乎別人的看法和意見，更傾向於依照自己的信念去坦坦蕩蕩的做出某些行動。

厚臉皮意味著你能夠在苦難面前不屈不撓，迎難而上；厚臉皮也意味著你會毫不迴避自己的恐懼與驚慌，可以有勇氣的面對；厚臉皮更意味著你不為失敗而擔心或者迷惘，可以使自己在競爭中立於不敗之地；厚臉皮同時意

第 53 章　厚臉皮也是一種職場競爭力

味著當你在聽到競爭者的非議時，你不會把它們當作威脅而寢食難安，卻會泰然處之。

　　厚臉皮意味著你能完全放下自己的面子，堅韌不拔的去挑戰原本讓自己畏縮的事情；厚臉皮也意味著你不用在小事上操心過多，能夠大步流星的前行；厚臉皮更意味著你永遠不會陷入患得患失、斤斤計較的深淵中，會變得更加頑強且豁達。

　　可以說，無論是「要臉的讚揚論」，還是「不要臉的狡辯」，都不是憑空捏造、空穴來風。從肯定的角度來講，厚臉皮就是執著於勝利的表現。因此身在職場，厚臉皮是在殘酷激烈的競爭世界裡必備的條件之一。

　　就像有位曾浪跡於職場的人所感嘆的那般：「如果我算是成功的話，那也是大器晚成。為什麼我年紀一大把了才獲得財務上的自由，主要原因就是價值觀曾經一直處於偏差狀態。價值觀的偏差來自於成長時偏差的教育，政治的、文化的、道德的。

　　「比如某個同事想進步，愛圍著主管轉，我就嗤之以鼻；比如有的人為了錢，不講情面，一味的去辯論，我就很不舒服，不願跟人家合作；比如有點權力的人，愛利用權力來黨同伐異，我就認為人家是小人、沒境界、沒品味、不屑與之為伍等等。現在看來，我的許多觀點和認知是狹窄的、是愚昧的、甚至是無知的。而持我這種觀點的人還大有人在。」

　　可以說，厚臉皮一直在被人們利用，但卻從未得到過表揚。也正因此有的人步步高升，獲得了事業上的成功；有的人卻仍原地踏步，工作了數十年卻無任何成就可言。

［案例］

　　莫妍拿著這一期的企劃書正準備敲王社長辦公室的門，剛抬起手，就聽見從裡面傳出陣陣的咆哮聲，像是在責罵誰。於是伸到半空中的手又硬生生

的放了下來。她知道這個時候進去，無異於往槍口上撞，自找倒楣。城門失火，殃及池魚，這個道理她還是懂的。

　　看來還是另找時間匯報的好。可沒走幾步，就聽王社長辦公室的門從裡面打開，發行部的李經理從裡面走了出來。可讓莫妍有些疑惑的是，在李經理的臉上看不到一點點受責罵的難堪表情。難道是自己聽錯了，可是剛才自己明明聽見是責罵聲啊！莫妍又想，應該是自己聽錯了，再怎麼說李經理是一個血氣方剛的男人，怎能聽了責罵而一聲不吭，甚至還一臉風平浪靜。

　　於是莫妍又朝王社長的辦公室方向走去，迎面走來的李經理看見莫妍問道：「妳準備去王社長辦公室？」

　　「是啊，這個月的企劃書寫好了，正準備送去給王社長呢。」莫妍如實回答。

　　「我看啊，妳還是換個時間的比較好。」李經理好心的建議道。

　　「咦，為什麼？」雖然莫妍也想到了一個可能性，但還是想從李經理那裡得到明確的答案。

　　「因為我剛挨完罵，從裡面出來。而且王社長的火氣還沒消呢！」李經理就像是在說別人的事一樣自然，臉上還帶著淡淡的笑意。

　　「你剛挨完罵，可是我怎麼一點都看不出來。」莫妍看著李經理一臉的淡然，問出了心中所想。

　　「什麼叫看不出來？難道一把鼻涕一把眼淚，滿臉悔改不成？」李經理一臉的不認同。

　　「呵呵，當然不是，但怎麼樣也不可能像你這樣笑著出來吧！」

　　聽了莫妍的話，李經理假裝生氣的說：「哼，妳不就是想說我沒心沒肺嗎？」

　　李經理的話讓莫妍有些不知所措，急忙說道：「你誤會了，我不是那個

意思。」

「好了，不跟妳開玩笑了，我知道妳的意思。」李經理看莫妍一副急於澄清但苦於不知如何開口，便打消了與她開玩笑的念頭。

「唉，你知道？」莫妍有些不敢相信的開口，畢竟她也知道自己根本就沒有表達清楚心裡所想。

「嗯，妳不就是不明白，我為什麼挨了罵仍像個無事人一樣嗎？」李經理耐心的回答道。

「呵呵！」聽到李經理的話，莫妍乾笑了兩聲，表示自己確有其意。

「在職場上混久了，妳就會明白，要想在這裡生存下去，不僅要提升自己的能力，還要讓自己的臉皮足夠厚。」

莫妍還是無法理解李經理話裡的意思，於是便開口問道：「在職場上混跟臉皮有什麼關係？」

「這關係可大了。妳想啊，人在職場，若不是高高在上的那一位，別的不說，光挨罵可是家常便飯，如果臉皮不厚，哪能混得下去？可以說 —— 想在職場混，臉皮先練厚。」李經理完全一副過來人的樣子，語重心長道。

「呵呵！」莫妍回應性的乾笑了兩聲，但心裡卻對李經理所說並不認同。她還是覺得混職場跟臉皮厚並無多大關係。

「妳啊，現在可以把我的話當作耳邊風，不過有一天妳終會認同我所說的。對了，如果妳不想往槍口上撞，我還是建議妳換個時間去找王社長比較安全。」李經理看著莫妍臉上明顯的不認可並未急於說服，而是忠告了一句後，向電梯走去。

莫妍聽從了李經理的建議，決定換個時間匯報工作，而她也對李經理的話仍表示不贊同。可是讓莫妍有些料想不到的是，李經理所說的「有一天」居然真的出現了，而且還是聽完李經理的話沒幾天。

「莫大主任，妳能告訴我這份報導為什麼會出現在這上面嗎？」王社長把一份報紙扔在莫妍的辦公桌上質問道。

莫妍看了一眼報紙，王社長手指的那篇是昨天印刷的時候臨時替換上去的文章，是那篇在酒吧打架鬥毆過程中毆死兩人的報導。可是這類報導不是很平常嗎？只要報導出來，然後司法機關給予一定的處罰，事情不就了解了嗎？難道是自己擅自做主放上去，讓王社長感到被越權了？可是當時時間緊迫，而自己也打電話和王社長說了重新換一篇文章代替。當時王社長也並沒有反對不是嗎？可是現在是什麼狀況，難道是秋後算帳？於是解釋道：「這篇文章是臨印刷的時候放上去的，因為前一篇出現了一些問題，所以就拿這篇來代替了。而且我打電話問過您意見，您不是說讓我看著辦嗎？」

「我的姑奶奶啊！妳把我的特許當成了特權了是吧！我是准許替換文章，可是沒說是這一篇啊！妳說妳拿什麼文章代替不好，偏偏卻是這一篇，還給我配了插圖！我看這報社今天是要毀在妳手裡了。」王社長一副大難臨頭的著急樣。

「這篇文章沒有什麼問題啊！」莫妍覺得王社長有些小題大做，一篇文章而已，怎麼可能會威脅到報社的存亡？再說，自己也只是實話實說而已。

「什麼叫沒問題，問題大了好不好。妳知道嗎，這前臺上表演的都是一些小嘍囉，隱在後臺的那一座座大山根本就不是妳我能動得了的。他們隨便一根指頭就能叫妳我永翻不了身。妳倒好，還不知死活的往老虎屁股上拔毛，連累大家跟著妳一起倒楣。現在網路上已經鬧開了，想收場都收不了了。」王社長吼叫道。

王社長最後的一句話讓莫妍感到很失望，在她眼裡，王社長一直是一個有擔當的人，儘管已經猜到問題有些嚴重，可是王社長也不該當著辦公室所有人的面說這樣的話，這不是讓她眾叛親離嗎？

第53章　厚臉皮也是一種職場競爭力

「王社長，這件事我有一定的責任，但是我們的責任不就是給大家一個真相嗎？」莫妍仍抱著一絲希望想說服王社長。

「莫大主任，妳可真是鐵面無私啊！說什麼給大家一個真相，連自己的小命都保不住了，還想著真相，妳腦子進水了吧！」王社長有些失控的說。

王社長的這句話一說完，莫妍明顯感覺到辦公室裡眾人的眼神裡多了一些嘲諷。這讓莫妍的臉一下子變得很難看。再怎麼說自己也是一個主任，王社長這樣當著大家的面嘲諷她，讓她以後如何在辦公室眾人面前立足。更何況辦公室還有一些人正等著看自己的笑話呢！可是還沒等莫妍有所表示，王社長的下一句話，徹底把她打入了地獄。

「從明天開始，妳就休假吧！」王社長冷冷的說完轉身就走。

「為什麼？」莫妍直覺的問了出來。

「妳這尊大佛，我們廟小供不起。」

王社長的回答讓莫妍定在了原地。莫妍心想：什麼叫廟小供不起，王社長這不是間接的辭退嗎？而且王社長已明顯的表現出沒任何可商量的餘地。再加上周圍那些幸災樂禍的眼神，莫妍覺得一個個巴掌拍在自己的臉上。她想逃離這個尷尬的境地，於是轉身準備往外走。可這時，背後卻傳來一句幸災樂禍的嘲諷：「切，拿了個雞毛還真當令箭了。也不秤秤自己到底有幾斤幾兩，現在活該。」

莫妍的心顫了一下，她很想反擊回去，可是轉過身看著朱娟挑釁的眼神，她又停住了。剛才社長當著大家的面罵她已經夠丟臉了，現在再和朱娟吵，豈不是更加尷尬，於是繼續向外走去。看莫妍沒什麼反應，朱娟嘴裡的話也變得越來越難聽。莫妍知道，從朱娟來公司的那天起，自己就成了她的眼中刺。也是，讓她一個曾在大報社呼風喚雨的人，到這裡卻要聽她一個工作還沒幾年的小女生發號施令，換作是自己也難以接受。可是今天自己做的

明明沒有錯，卻受到社長如此嚴厲的責罵，讓同事們看了笑話，可偏偏自己臉皮薄，不敢去反駁。此時她腦海中忽然劃過李經理當時所說的話，自嘲的想：看來臉皮不厚真的不行，別人幾句話就讓自己臉上掛不住，幾句批評就讓自己敗下陣來。真後悔沒聽李經理的話，把臉皮練厚，否則自己今天就能笑對嘲諷，而不是像現在這樣落敗和難堪。

同樣是面對責罵，李經理和莫妍的表現完全不同。一個是被人罵，卻還能笑臉以對。而另一個是被人一罵，自己臉上首先就掛不住了。按照整個事件來看，文章所寫的內容完全是事實，而且事先也與王社長有過溝通。但是由於牽扯到了大人物的利益，這件事要想妥善解決就必須找一個代罪羔羊出來，才能使報社所受的風險降到最低。很顯然，王社長所選中的代罪羔羊是莫妍。

而莫妍明知自己沒有錯，但面對王社長的責罵卻無力反駁，對同事的冷嘲熱諷更是無法還擊。其最關鍵的原因是，莫妍臉皮不夠厚。任憑別人謾罵，自己卻拉不下臉來還擊，這使得她是委屈一大堆，卻只能往肚子裡吞。

其實，當我們的利益受到危害時，不管對方的權力有多大，也不管對方人數有多少，我們都應站起來還擊，而不是任人宰割。當然了，要想還擊，你的臉皮要足夠厚，否則別說是辯倒悠悠之口了，就是別人的口水也能把你給淹死。

第 54 章　良知面前，你是選擇沉默還是抗爭？

> 浪跡法則五十四：現實是殘酷的，但是在良知面前，與其保持沉默，不如奮起抗爭。

這個世界從不缺少道德，更不缺良知。但是，更多的良知選擇了沉默。

良知是什麼呢？簡單說來，良知是一種社會與人的道德觀念，或者說是一種道德責任感。孟子對此做了這樣的表述：「人之所不學而能者，其良能也；所不慮而知者，其良知也」（《孟子·盡心上》）。那麼，良知又是從何而來的呢？孟子曰：「仁義禮智信，非由外鑠我也，我固有之也，弗思耳已！」（《孟子·告子上》）。王陽明進一步把良知概括為「非由外鑠」、「人皆有之」、「不假外求」的惻隱之心、羞惡之心、恭敬之心、是非之心，是人對善與惡、是與非、同情與厭惡的一種道德意識。

這種道德意識，社會上的很多人甚至說是所有人都有，但是良知與致良知又不盡相同。有良知而不敢公開表達，是為沉默的好人；有良知而敢於實言實行，是為致良知的勇士。

在我看來，一個人無論內心是怎樣的好，但若沒有發出任何聲音，就無多大用場。沉默，是不折不扣的精神自殺。如果善良的大多數人總是以沉默

274

的姿態面對似與自己「無關」的不幸，那麼注定避免不了日後「不暇自哀」。

當然，每個人都有自身的不能負載之重，這是現實。就像許多人為名位所累而日漸稜角不明、真知面前三緘其口。他們的顧忌一旦多了，便會自覺的選擇沉默。這種沉默必然能讓他們避開一些風險。但對於致良知的使命，恐怕就難為了。也有一些人可能遇到過在良知與風險之間的徘徊。兩難之時難兩全，抉擇卻不似「捨魚而取熊掌」那麼輕鬆。但不管怎麼說，代價總有，希望總在。希望就在代價中前行。當有人認為事不關己、無付出的必要時，就等於在拋掉致良知的使命同時，也放棄了進取的希望。所以說，致良知不僅是一種可貴的品質，更是可加「神聖」二字的奉獻與犧牲。

那麼你呢，在種種現實面前，是選擇良知還是致良知？

［案例］

回到家裡，莫妍越想越氣，憑什麼自己被辭退，明明錯不在自己。就因為那個可惡的傢伙背後有一個當官的老爸。為什麼他們犯了錯非但沒有受到任何處罰，還一副理所當然的樣子。而自己這個局外人，不僅要因他們的錯誤受到同事們的冷嘲熱諷，還要因此而失去工作。

莫妍越想越嚥不下這口氣，她覺得自己不能就這麼被人欺負了。莫妍覺得自己應該反擊，至少應該讓那些有恃無恐的傢伙們得到一點處罰。由於網路上對此事件已經有了不少輿論，但由於沒有有力的證據，也只能是發發貼文，嘴上逞逞能。想要讓那些因為老爸有權而視人命為草芥的傢伙們受到處罰，就必須有有力的證明。想到這起事件中所拍的照片在自己電腦裡有備份。莫妍便編寫了一篇〈人命到底是什麼〉，並配以事發現場的照片，傳到了網路上。文章傳上去沒多長時間，就被網友們推薦到了各大網站的首頁，而且討論度也十分高。

網路上是紅了，可是莫妍在第二天早上下樓買早餐時，卻被摩托車撞傷

第 54 章　良知面前，你是選擇沉默還是抗爭？

了腿。明顯的，這起事故並非意外，而是有人在背後謀劃，意在給莫妍警告，讓她閉上自己的嘴。可對方卻不想，這更加惹怒了莫妍。想到自己為此失去了工作，還要躺在醫院裡受罪，莫妍更加堅定了自己抗爭到底的決心。

於是莫妍再次編寫了一篇〈殺了人，誰應該受到懲罰〉。在此文章中，莫妍寫出了對方利用強權打壓使自己失去了工作，運用手段讓自己躺在醫院的事實，並鼓勵社會大眾應該站起來與強權抗爭到底。文章剛剛上傳上去，就有許多網友發來慰問，並表示堅決與強權抗爭到底，這給了莫妍極大的信心。

由於網友們對這起事件的關注，許多報社及政府部門都來採訪和慰問莫妍，而當時現場的許多目擊群眾也都紛紛站出來說話，尤其是兩位已用錢安撫的死者家屬也站了出來，這使得整個案件有戲劇化的發展。

等到莫妍出院時，警方已對此打架鬥毆事件中的鬥毆者做出了輕重不一的處分，而那些濫用私權的官員也被革職處理。但讓莫妍有些意外的是，王社長竟然親自來接她出院。

莫妍知道，經過此次事件，自己的名氣大增。近幾天，有許多報社的主管都來看望她。當然她也不會傻傻的認為自己有如此大的魅力，對方還不是想借她的名氣為報社造勢。可是看著平時高高在上的王社長擺出一副討好的樣子，莫妍還真有點適應不了。

「小莫啊，聽說妳要出院了，我們都很高興。所以，大家讓我來接妳出院，順便問問妳什麼時候開始上班？」王社長一臉關懷的問，同時也道明了來意。

「社長，我記得我好像已經被你給辭退了。難道我聽錯了？」莫妍假裝很吃驚的說。

「呵呵，小莫。我當時也是被氣糊塗了才說出那些難聽的話。妳是我看著

成長起來的，我一直對妳抱有很大的期望，所以過去的事就讓它過去，我們也能一直合作下去。」王社長避重就輕的說道。

其實莫妍也捨不得離開，畢竟從學校出來就一直在這裡工作，這麼長時間，早就對這裡產生了感情。再說，如果要到別的報社工作，雖說對方提供了許多優待，但一切還須從頭開始。但為了除去後顧之憂，莫妍還是帶著點猶豫說道：「可是王社長，那天大家都在場，我如今回去，以後的工作恐怕是不好進行……」

還沒等莫妍說完，王社長立刻說道：「這個妳放心，我來之前已經把這方面的事情都處理好了，妳只要安心來上班就好。妳還擔任編輯室主任可以嗎？」

既然王社長已經把話說到了這份上，自己若再說些什麼，好像有點太做作了。於是便爽快的開口道：「好吧，既然這樣，你看今天都已經星期四了，要不我下星期一開始正式上班怎麼樣？」

聽到莫妍的話，王社長本來並不大的眼睛瞇成了一條縫。忙笑著說道：「嗯，可以，妳也可以趁這兩天的時間好好和家人聚聚，放鬆放鬆。」

人的一生可以失去很多東西，但你絕不能捨棄良知。或許柔弱如你，很難與強權抗衡，但也不能因此而屈從於惡勢力之下，要知道，邪惡永遠打不過正義，只要心中的正氣不倒，那麼任何惡勢力都會得到懲罰。

面對強權，無勢無權的莫妍好像只有默默承受的份，但是莫妍卻並沒有因為自己的弱小而選擇沉默，相反，她積極的透過各種途徑來捍衛自己的權利。儘管為此而使自己受傷住院，但是她的心卻是坦蕩的。也正是這份在強權面前的英勇果敢，最終使她戰勝了強權，使自己的利益免受侵害，同時也得到了相應的回報。

可見，與惡勢力抗衡雖會承擔一定的風險，但是一味的三緘其口，也不

見得會避開風險。與其受人威脅，整天受內心的譴責，還不如爭一口氣，與惡勢力抗衡，讓自己活得光明磊落。

第 55 章　寬恕是最好的懲罰

浪跡法則五十五：當你身邊的人出現錯誤時，或是損害到你的利益時，發再大的脾氣也無濟於事，但若以寬容之心對待犯錯的人，你就會少一個敵人、多一個朋友。

寬恕，是人類的一種美德，寬恕本身，除了減輕對方的痛苦之外，事實上，也是在昇華自己。因為，當我們寬恕別人的時候，我們反而能得到真正的快樂。犯錯是常見的平凡，寬恕卻是一種超凡。假如我們看別人不順眼，對別人的行為不滿意，痛苦的不是別人，而是自己。

寬恕是一種能力，一種控制傷害繼續擴大的能力。寬恕不只是慈悲，也是修養。

有能力責罰卻不去責罰，反而給予平等的待遇，這樣不但能夠感化敵人，為我所用，更能夠樹立自己的威望，得到更多人的尊敬和擁戴，從而將敵人轉化為朋友，少了一個敵人，便少了一些障礙，最終還是於己有益處的。

《兵經百篇》說：「戰勝勇敢一定要用智謀，戰勝智謀一定要用德行，戰勝德行一定要修行更加寬容的德行。」衡量一位領導者的成就大小，就看他能否修行寬容的德行。唯有寬恕別人，才能容忍別人；唯有容忍別人，才能領導別人；唯有具備領導別人能力的人，才能成就他的偉大事業，才能「為

天地立心，為生民立命，為萬世開太平」。「以怨恨回報怨恨，怨恨就沒有盡頭；以德行回報怨恨，怨恨就頓時消失。」是處世的準則。

可是在日常生活和工作中，有不少人往往為了非原則問題，小小皮毛問題爭得不亦樂乎，誰也不甘拜下風，有時說著論著就認真起來，以至於非得決一雌雄才算甘休，嚴重的還會大打出手，這是非常不可取的。

要知道仇視、憤恨對我們自身都沒有任何益處，只能徒傷自己而令敵人稱快。「為你的仇敵而怒火中燒，燒傷的是你自己」。因此，耶穌在《聖經》裡鼓勵人們「愛你的仇人」，「愛你們的仇敵，善待恨你們的人。詛咒你的，要為他祝福；凌辱你的，要為他禱告」。如果你用報復的手段對待對手，你會招致一個什麼樣的後果呢？它將使你的對手更堅定的站在你的對立面，阻撓、破壞你的行動，破壞你創造的一切成果；而你也會因為心中充斥報復的憤怒無暇他顧，你的理想和目標就不會那麼輕易的實現。

所以，不為別的，只為了實現你的理想和抱負，學會寬恕那些曾經傷害過你的人吧！當別人損害你的利益，你也應以一顆寬容的心對待他。這樣，你的心靈也會得到平靜，說不定你還會收到意外之喜。那麼，辦公室裡如何才能做到同事之間和睦相處，展現自己的度量呢？

（一）不固執己見

不固執己見，不是跟隨潮流，不是人云亦云，而是根據客觀實際，適時的調整自己的心態，尊重多數人的意見。一個有度量的人就是善於溝通，勇於自我否定，虛心聽取別人意見的人。

有時明明你的意見是對的，可多數人並不理解，在這種情況下，唯一的辦法就是等待。倘若你固執己見，就必定會成為眾矢之的。暫時保留自己的

意見，與多數人站在一起，這是有度量和明智的表現。

（二）不為小事生氣

何謂小事？無非是同事說話不注意，無意中傷害了你；或者是同事侵犯了你的些許小利，抑或是同事冒犯了你的尊嚴，沒有給你「面子」，如此而已。而一個有事業心有責任感的人絕不會被一些瑣碎的小事所折磨，也不會讓那些不值得耿耿於懷的小事充塞大腦。豁達的人，是能夠容忍別人的人，是善於與不同性格、不同喜好的人打交道的人，也是兼收並蓄、博採眾長的人。其實仔細想想，生氣對別人不會有太大的傷害，而你本身則會因為氣大而傷身，影響睡眠，以致影響工作效率，總之，因小事而生氣是最愚蠢的行為。

（三）消除報復心理

同事間相處，小摩擦、小衝突是常有的事，如果為一些小怨小結而記仇，甚至只想著報復別人，就會使自己孤立起來，成為同事間惹不起的人和不受歡迎的人。不往心裡去，坦然對待同事的意見和批評，擇其善者而改之，這是一個有度量的員工應有的風度。

（四）要經得起誤會和委屈

誤會和委屈別人，都是在不明真相的情況下的一種強加於人的做法。從某種意義上說，誤會和委屈是一個人道德涵養的「磨刀石」。在實際工作中，常會碰到這種情況，明明對的是你，可同事們恰恰認為你錯了；明明你為某項工作付出了辛勤勞動，而受到表揚和讚賞的卻是別人；明明應該提拔重用你，而春風得意的可能是你認為政績平平的人；一個慣於吹牛拍馬的人加薪不斷，好事連連，而你勤奮工作，卻始終與加薪無緣等等。諸如此類不盡如人意的事誰都會碰到，對此，一定要放寬胸懷。一般來說，誤會和委屈只是

暫時的，豁達的人所得到的，一定比那些心胸狹窄的人多得多。

（五）要有自知之明

　　勇敢的正視自己，分析自己，承認自己的缺點與不足，是一種度量，一種修養。缺乏自知之明的人，容易剛愎自用，也容易苛求別人，甚至看別人到處不順眼。因此，我們要有意識的增強自己自知之明的意識。經常反思自己的不足之處，向周圍的同事徵詢對自己的意見，始終保持清醒的頭腦。這樣做，既有助於認識自我，也有利於知人之明。如果一個人既有自知之明，又能夠做到知人之明，那麼，他對人對己就比較容易做到實事求是，也就不會斤斤計較，也就比較容易寬容別人，諒解別人。

（六）原諒同事的過錯

　　「人非聖賢，孰能無過？」如果同事盲目的頂撞了你，誤解了你，或錯誤的責怪了你，那麼，對其內疚的心情是應該充分理解的。只要同事做出某種道歉或自我批評的表示，就應適時的表示對同事的原諒，這才是有度量的表現。

　　通常同事的道歉和自我批評可能是三言兩語的自責，也可能是一句平凡無奇的反思，此時千萬不要得理不饒人，以為別人只有痛心疾首的向你鞠躬認錯才是真誠的。維護自尊是人的天性，從很大程度上說，能向你認錯，就顯示他在很真誠的在向你道歉，對此，你不應太過認真。

　　總之，辦公室裡的矛盾都是由利益的衝突而引起的。當我們和別人發生利益衝突的進候，如果多為對方想一想，互相之間都退一步。當我們以德相讓、互相禮讓的時候，那些可能發生的衝突就會煙消雲散，大家也就很樂意

跟你合作，事業發展的機會也就更多了。

[案例]

　　事情的最終發展出乎辦公室裡所有人的預想，尤其是朱娟，她怎麼也沒想到，前幾天被自己冷嘲熱諷的莫妍又被請回了辦公室。那天，當王社長走進編輯部，宣布仍由莫妍擔任編輯部主任一職時，朱娟的主任夢破碎了，而且她可以想見自己以後的職場命運了。

　　朱娟在惶恐不安中迎來了星期一，王社長親自陪同莫妍走進了編輯部，而且還說以後要好好配合莫妍的工作。這讓朱娟的心更是冷到了極點，按照王社長今天的意思，編輯部裡的工作是全權交給了莫妍。想想前段時間，莫妍被辭退時，自己說的那些風涼話，朱娟真想打自己幾個嘴巴，可是有什麼用呢，說出去的話，潑出去的水，想收是收不回來了。其實在王社長公布莫妍會繼續擔任編輯部主任時，朱娟就想過要辭職，可是自己剛來報社不久就要辭職，那以後再找工作就難了，畢竟圈子就這麼大。

　　可是讓朱娟有些不安的是，莫妍重新上班已將近半個月了，可是一直都沒找自己的麻煩，也沒有故意找碴。這讓朱娟更加心慌，都說女人心海底針，難道莫妍是在等待一個好的時機，讓自己名譽掃地？朱娟覺得自己快要精神崩潰了，這種擔驚受怕的日子遲早會把自己逼瘋。因此，朱娟覺得與其這樣惶恐不可終日，還不如當面挑開了說，不管莫妍運用什麼樣的報復手段，也好過這樣整天胡思亂想，自己折磨自己。

　　「莫主任，以前是我不懂事，說了那麼多難聽的話。在這裡我向妳道歉。」朱娟走進了莫妍辦公室開門見山的說。

　　「以前的事我都忘了。」莫妍無所謂的說道。

　　莫妍的話讓朱娟明白，以前的事她根本就沒放在心上，反倒是自己卻「以小人之心度君子之腹」，把自己折磨個半死。這一刻，朱娟長長的舒了一

口氣，半個月來壓在心裡的大山突然消失，讓自己輕鬆了不少。同時，她也深深的認知到，與自己相比，莫妍更有資格當這個主任。不僅僅是因為她的能力有多強，就憑她這顆能寬恕別人的心，這個編輯部主任她是受之無愧。

「莫主任，謝謝。」朱娟真誠的說道。

莫妍說：「呵呵，妳這個謝謝太讓我有壓力了。雖然我是主任，但妳經驗比我豐富，而且能力又強，以後我向妳學習的地方還有很多，所以啊，以後我向妳說謝謝的地方還多著呢！」

朱娟說：「學習倒是說不上，但是有用得著我的地方，我一定會竭盡全力。」

「好，有妳這句話，我的底氣又足了一些。」莫妍聽到了自己想要的答案，欣慰的笑了。其實莫妍一直都是一個有仇必報的人，而且，剛開始，莫妍也曾想過要給朱娟好看，至少把她那天丟的面子給找回來。可是有一天，她看到了一句話：「冤冤相報何時了，得饒人處且饒人。」這句話讓莫妍深思了良久，想到若是自己對朱娟動手，無疑會使自己與朱娟的關係更加惡化下去，使自己多了一個敵人，這對自己以後的工作勢必會造成很大的影響。相反，若是自己大度一點，把朱娟曾經對自己的冷嘲熱諷放下，那麼自己和朱娟的關係就有可能向好的一面轉變，至少不會成為敵人。

事實證明莫妍做得沒錯，朱娟和自己的關係確實得到了改善，而且朱娟在以後的工作中，給予了莫妍很大的幫助。這使得莫妍在工作中更加得心應手。而且辦公室裡的眾人也開始由衷的佩服起莫妍，所以，編輯部一改往日的懶散形象，呈現出一種積極向上的景象。

莫妍用寬恕換得了一個朋友，贏得了辦公室同仁們的認可。可見，寬恕是治癒傷害的良藥。

是的，我知道對於大多數人來說，寬恕他人要做很大的努力，因為在我

們的認知裡，每個人都應該為自己所犯的錯誤付出應有的代價，這樣才符合公平正義的原則。但是朋友，當錯誤已經產生時，仇恨和憤怒除了讓錯誤造成更大的傷害，對錯誤本身沒有任何的益處。因為你要承擔因為報復所產生的風險，而這風險往往是難以預料的。而且不愉快的記憶，使我們不能從被傷害的陰影中走出來，痛苦總是如影隨形，我們也就不能得到生活中應有的快樂和平靜。所以，寬恕傷害過你的人吧！如果不能寬恕，那麼，至少盡可能忘掉他人對自己的傷害。

第 56 章　看淡職場的起起落落

浪跡法則五十六：「人無千日好，花無百日紅」，職場上的沉沉浮浮是常有的事，只有看淡職場沉浮，才能以一顆強大的心迎接明天的輝煌。

「人無千日好，花無百日紅」，職場上的沉沉浮浮是常有的事，就像所有的風光都不能被一個人占去，彎彎曲曲才能前進，曲曲折折才能進步，一帆風順只是在理想的王國中，現實中是不會存在的。

潮起潮落，人生起伏，人都有過得和失的反覆過程。就像在人生的舞臺上，上臺或下臺都是平常的。假如你的條件適合當時的需求，當機緣一來時，你就可以上臺了，若是你演得好而且演得妙，你就可以在臺上待久一點，假如唱走了音，演走了調，就算老闆不讓你下臺，觀眾也會把你轟下臺的；或者你演的角色已經不符合潮流，或者是老闆想讓新人上臺，於是乎你就下臺了。

上臺當然是自在的，但是下臺呢？難免是神傷的，這是人之常情，但是成大事者必能做到「上臺下臺都自在」。所謂的「自在」指的是心情，能夠放寬心是最好的，不能放寬心也不能把這種心情表現出來，以免讓人以為你已經受不住打擊；你如果平心靜氣，做你應該做的事情，而且想辦法鍛鍊你的「演技」，隨時準備再次上臺，無論是原來的舞臺或者是別的舞臺，只要你不

放棄，就會有機會！

還有另外一種情形也非常令人難堪，這就是由主角變成了配角。

假如你看看電影電視中的男女主角，受到歡迎或崇拜的情況，你就可以了解由主角變成配角之後的那種難過之情。

就像是人的一生避免不了上臺或下臺一樣，由主角變成了配角也是一樣難以避免的，下臺沒有人看到也就算了，可偏偏還要在臺上表演給別人看！

由主角變成了配角也會有好幾種情形，其中一種情形是去當別的主角的配角，第二種情形是和配角對調。

這兩種情形以第二種最讓人難以釋懷。真正演戲的人可以不同意當配角，甚至可以從此退出那個圈子，但是在人生的舞臺上，想要退出並不容易，原因是你需要生活，這就是現實啊！

因此，由主角變成了配角的時候，不要悲嘆時運不濟，也不用懷疑有人在暗中搞鬼，你需要做到的只是平心靜氣，好好的扮演你配角的角色，向別人證明你主角與配角都能演。

這一點是很重要的，若你連配角都無法演好，那怎麼能讓人相信你還能夠演好主角呢？假如自暴自棄，到最後被迫下了臺，也必將會淪落到跑龍套的角色，人要是到如此地步，那可就悲哀了。

假如能好好的扮演配角的角色，一樣會得到掌聲，若是你仍然有主角的架勢，自然就會有再獨挑大梁的一天。

可以說，職場上的沉沉浮浮總是在所難免，關鍵是你能否擺正心態，以一顆平常心來對待。

[案例]

走進王社長辦公室，莫妍覺得今天的王社長表情過於沉重，難道是自己工作中出現了問題，莫妍的心裡開始打起了小鼓。

第56章　看淡職場的起起落落

「莫妍啊！最近工作怎麼樣，能應付得來嗎？」王社長關心的問道。

怎麼會這麼問，難道真的是工作中出現了什麼問題，莫妍小心翼翼的開口道：「嗯，還能應付。有什麼問題嗎？」

看著莫妍一臉緊張的表情，王社長笑了笑說道：「別緊張，妳工作很好，沒什麼問題，我就是問一下。」

莫妍鬆了一口氣，想了想客套道：「那是一定，王社長您可一直是我學習的榜樣。有什麼問題我一定會向您請教，到時候還希望您別嫌我煩。」

王社長很受用的笑了笑說：「呵呵，怎麼會呢。我這個老東西能讓妳這麼看得起真是不容易啊！倒是妳不僅為人謙和，而且能力也強，以後的發展肯定會超越我，到時候還請妳多多關照呢！」

聽著王社長的話，莫妍忽然想到了「糖衣炮彈」這個詞，現在王社長的糖衣是送出來了，就是不知道下一刻會不會丟過來一個炮彈。難道王社長是在試探自己的野心，這一猜想讓莫妍更加謹慎的開口道：「王社長真會說笑，別說是超越您了，以後只要能在您手下學習，我就已經心滿意足了。」

「我這說的可是實話，妳年輕，以後發展的潛力很大。而且妳的努力和付出，我也看在眼裡，妳就像是我的左膀右臂，說句實話，我真不願意割捨。」王社長有些無奈的說道。

王社長最後一句話，忽然讓莫妍意識到今天談話的目的，於是淡笑了聲說道：「王社長，有什麼事你就直說吧！」

看著莫妍一副無所謂的樣子，王社長嘆了口氣說道：「是這樣，上面指派了一個人來我們報社，據說是從國外留學回來的，好像以前也曾擔任某報社的主任。前段時間妳因為工作而生病住院，很讓我內疚，所以我想讓他來擔任主任一職，妳來擔任副主任一職。這樣一來妳的工作可以減輕一些。」

聽到王社長的話，莫妍心底裡暗笑了一下想：怪不得今天的王社長一個

勁的誇自己，搞了半天是因為要對自己降職。看來，自己的降職已是不可更改的事實，與其跟他爭個是非，還不如替自己多爭取點福利來得實際。於是淡笑了一下說道：「謝謝社長的關心，恰好我剛懷孕一個月，正在擔心以後工作會忙不過來。這下好了，不用擔心因為自己而耽誤了工作。」

本以為莫妍會為此事而大鬧，沒想到這麼容易就同意了，而且還幫自己找了一個臺階，這讓王社長有些意外的同時，也鬆了一口氣，自知理虧的他忙承諾道：「妳懷孕了，那可真是要恭喜妳了！以後有什麼事就開口，能幫的我一定幫。」

看到自己的目的已達到，莫妍半開玩笑的說：「那我先謝謝社長了，到時候請產假時還請多寬限幾日。」

「嗯，這個沒問題。」王社長拍拍胸脯承諾道。

莫妍投去感激的眼神，說：「那謝謝的話到時候再說了，不過，對方什麼時候來報社，我好把工作資料之類的整理出來，好做好交接工作。」

王社長說：「下個星期一報到。不過你們還是在同一個辦公室，到時候有什麼不明白的，一起協商一下就行。」

莫妍被降職的事在編輯部傳開了，中午吃飯的時候，朱娟坐在莫妍的旁邊抱怨道：「什麼嘛，有權有勢就了不起啊！憑什麼他一來妳就得讓位給他。妳也真傻，當時王社長跟妳提的時候，妳就應該拒絕，好不容易升了職，怎麼能說降就降呢！」

「好了，趕緊吃飯吧，其實我覺得不錯，現在我懷孕了，不可能把全部的心思都用到工作中。剛好他來做主任，我樂得清閒。」莫妍無所謂的笑了笑說。

「好吧，算我白說。真是皇帝不急急死太監，我在這瞎操什麼心。不過，我還是覺得妳做主任好，突然讓一個外人管自己，雖然是留學回來的，但還

是有些不服氣。」朱娟帶著一絲的不滿。

「既然是留學回來的，見識自然會比我廣，能力也強。以後在他的帶領下，說不定編輯部會更上一層樓。妳我啊，還是安分的做好自己的工作就好。」莫妍意有所指的說。

「行了，算我瞎操心。老闆愛讓誰當就誰當，反正我還是個小編輯，每個月的薪水不差就行。」朱娟抖了抖肩說。

莫妍知道，王社長是先禮後兵，如果自己在他施「禮」的時候還不知趣，那麼等到施「兵」，結果還是一樣，但自己的境況卻沒現在這般好了。再說了，起起落落，沉沉浮浮也是職場常態，有時候沉下去也未必是壞事，反倒可以讓自己養精蓄銳，為以後的發展打下堅實的基礎。

任何一個在職場上摸爬滾打的人，都必經歷過失敗與挫折，沉沉浮浮也是常有的事。但不管是什麼，對於我們來說都是不可多得的經驗和財富。因此，對於職場的起起落落，不必過於在意。

其實，有時候，降職也並不是什麼壞事，只要你放寬了心態，換一個角度看，你會發現在失去的同時也得到了很多。就像莫妍，儘管失去了主任一職，但是卻有了更多的時間來經營自己的家庭，而且自己的形象也在同事和社長的心目中正面起來。

所以，看淡職場的起起落落，在失去一些東西的同時，你也會收穫另一種美麗和幸福。

職場假象
想在公司混得風生水起，首先要練就一張厚臉皮

作　　者：戴譯凡，賀蘭

發 行 人：黃振庭

出 版 者：崧燁文化事業有限公司

發 行 者：崧燁文化事業有限公司

E-mail：sonbookservice@gmail.com

粉 絲 頁：https://www.facebook.com/
　　　　　sonbookss/

網　　址：https://sonbook.net/

地　　址：台北市中正區重慶南路一段六十一號八
　　　　　樓 815 室

Rm. 815, 8F., No.61, Sec. 1, Chongqing S. Rd.,
Zhongzheng Dist., Taipei City 100, Taiwan

電　　話：(02) 2370-3310

傳　　真：(02) 2388-1990

印　　刷：京峯彩色印刷有限公司（京峰數位）

國家圖書館出版品預行編目資料

職場假象：想在公司混得風生水起，
首先要練就一張厚臉皮 / 戴譯凡，
賀蘭著 . -- 第一版 . -- 臺北市：崧
燁文化事業有限公司 , 2022.01
　　面；　公分
POD 版
ISBN 978-986-516-996-1(平裝)
1.CST: 職場成功法 2.CST: 生活指
導
494.35　　110021366

電子書購買

臉書

定　　價：375 元

發行日期：2022 年 01 月第一版

◎本書以 POD 印製